DEUTSCHE AKADEMIE DER WISSENSCHAFTEN ZU BERLIN

Veröffentlichungen des Institutes
für Bodendynamik und Erdbebenforschung in Jena

Herausgegeben vom Direktor i. V. Dr. habil. W. Sponheuer

Heft 73

Theoretische Untersuchung der Wechselwirkung zwischen dem mechanischen Empfänger eines Seismographen und einer longitudinalen harmonischen Planwelle im Vollraum

Von

Richard Maaz

Mit 28 Abbildungen

AKADEMIE-VERLAG · BERLIN

1963

Erschienen im Akademie-Verlag GmbH, Berlin W 8, Leipziger Straße 3—4

Lizenznummer: 202 · 100/821/63
Gesamtherstellung: VEB Druckerei „Thomas Müntzer" Bad Langensalza
Bestellnummer: 2004/73 · ES 18 E 2 · Preis: DM 13,50

Inhalt

I. Einleitung

Die Registrierungen eines Seismographen sollen gewisse Eigenschaften der Bodenbewegung am Aufstellungsort zu erkennen geben. Die Anwesenheit eines mechanischen Empfängers verändert jedoch die lokalen physikalischen Bedingungen insofern, als die Boden- und Gestellbewegungen in Wechselwirkung treten. Außerdem wirken die Gehängebewegungen auf das Gestell und dadurch auf den Boden zurück. Im Seismogramm werden tatsächlich nur Eigenschaften der Gestellbewegung registriert. Es erhebt sich also die fundamentale Frage, wie weitgehend die Gestellbewegung mit der Bodenbewegung am Ort des Seismographen bei dessen Abwesenheit übereinstimmt.

Mit diesem Problem befassen sich in neuerer Zeit sowohl experimentelle als auch theoretische Arbeiten, über die in [7] weitgehend berichtet wird. In letzteren repräsentiert man den mechanischen Empfänger durch einen starren Kreiszylinder, der auf einem homogenen isotrop elastischen Halbraum oder auf einer derartigen Schicht steht. Der Zylinder wird durch longitudinale harmonische Planwellen zu Schwingungen angeregt, wobei die Wellennormale zum Grundkreis des Zylinders senkrecht ist. Die erzwungene Schwingung des Zylinders verursacht im angrenzenden Medium ein sekundäres Wellenfeld. Für das dynamische Gleichgewicht zwischen dem Zylinder und dem primären und sekundären Feld ist die Spannungsverteilung unmittelbar unter dem Zylindergrundkreis maßgebend.

Diese Spannungsverteilung konnte bisher nicht exakt bestimmt werden, so daß die Lösung des Schwingungsproblems plausible Näherungsansätze für die Verteilung erfordert. Bei relativ niedrigen Frequenzen des stationären Vorganges liefert die statische Spannungsverteilung eine denkbar gute Näherung für die fragliche dynamische. Darum benutzen die neueren theoretischen Untersuchungen [1, 3] diese Näherung. Als einschränkende Bedingung für die Berechtigung des Ansatzes wird

$$\varkappa r_0 \leqq 1{,}5$$

angegeben, worin $\varkappa$ die Wellenzahl der harmonischen Scherungswelle mit der Frequenz des stationären Vorgangs und r_0 der Grundkreisradius des Zylinders ist.

Die Anregung der Zylinderschwingungen erfolgt in der Natur durch eine (elastische) Welle. Bei experimentellen Untersuchungen des Schwingungsproblems bereitet die sichere Reproduktion der primären Welle und die Messung ihrer Amplitude am Untersuchungsort bei Abwesenheit des Zylinders Schwierigkeiten. Daher zwingt man im Experiment dem Zylinder eine bekannte Kraft von „außen" auf, die die Welle vertritt und mit der die Zylinderbewegung verglichen wird. Dieses naheliegende Ersatzproblem behandeln mehrere theoretische Untersuchungen, wobei günstigenfalls der erwähnte Näherungsansatz für die dynamische Spannungsverteilung unter dem Zylinder benutzt worden ist. Das Gehänge und seine Wirkung auf das Gestell und darüber auf den Boden sind in allen theoretischen und in den experimentellen Untersuchungen außer [6] unberücksichtigt geblieben. Auch [6] beschränkt sich auf den Vergleich hinsichtlich des Quotienten m/M aus der Gehängemasse m und der Gestellmasse M anhand zweier Geophone. Ihre Grundflächen sind nahezu gleich (99 und 98 cm^2) und die Gesamtmassen $M + m$ betragen 3,4 und 2,8 kg. m/M unterscheidet sich mit den Werten 0,0041 und 0,536 beträchtlich, aber auch die Eigenfrequenzen (13 s^{-1} und 42 s^{-1}) differieren merklich. Letzteres stellt die Vergleichbarkeit der Geophone hinsichtlich des Einflusses von m/M in Frage.

Diese Experimente lassen jedoch erkennen, daß die Rückwirkung des Gehänges auf das Gestell und den Boden zu beachten ist. Dasselbe ergibt sich aus der vorliegenden Untersuchung, die alle Parameter des Problems berücksichtigt. Für das Studium des Einflusses von m/M, der Dämpfung und der Eigenfrequenz hat die spezielle Aufstellungsart des Empfängers untergeordnete Bedeutung, so daß diesbezügliche Idealisierungen mit dem Ziel relativ einfacher mathematischer Beschreibung berechtigt erscheinen. Insbesondere soll die Spannungsverteilung in der Berührungsfläche zwischen dem Medium und dem Gestell des mechanischen Empfängers einfach zu bestimmen sein. Das trifft zu, wenn das Gestell durch eine starre

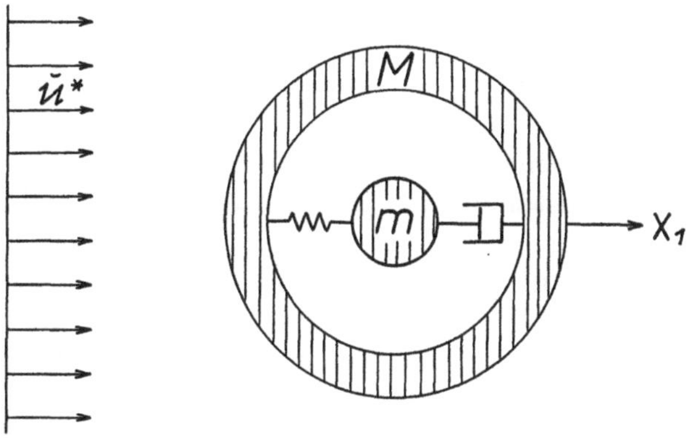

Abb. 1. Mechanischer Empfänger im Vollraum.
M, m Masse des Gestells bzw. des Gehänges.
$\mathfrak{u}^*$ Verschiebungsvektor in der longitudinalen harmonischen Planwelle

homogene Kugelschale repräsentiert wird, die in einem homogenen isotrop elastischen Vollraum eingebettet ist. Das Gehänge möge relativ zum Gestell lineartranslatorische Bewegungen ausführen, wobei sein Schwerpunkt auf einem bestimmten Durchmesser der Kugelschale verbleiben soll. Das Medium durchlaufe eine harmonische longitudinale Planwelle, deren Wellennormale mit der Bewegungsrichtung des Gehänges zusammenfällt (Abb. 1). Dadurch werden Drehungen des Empfängers ausgeschlossen.

Zur Untersuchung des ins Medium eingebetteten mechanischen Empfängers führen neben den formalen vor allem auch praktische Erwägungen. Bei seismischen Feldmessungen erweist es sich mitunter als vorteilhaft, die Geophone vertieft aufzustellen und die Höhlung zuzuschütten. Dadurch wird der Einfluß der freien Oberfläche herabgesetzt und die schwer zu erfassende, lokal stark veränderliche Beschaffenheit der obersten Bodenschicht auf das Schwingungsverhalten des Geophons weitgehend ausgeschaltet. Ferner breiten sich in der oberen Bodenschicht Wellen aus, die im Seismogramm unerwünscht sind und mit zunehmender Tiefe rasch an Intensität verlieren. Die Arbeit [6] berichtet über Experimente mit vertieft aufgestellten Geophonen. Vor und nach dem Zuschütten wurden Resonanzkurven der erzwungenen Gestellbewegung aufgenommen. Das Zuschütten verursacht eine höhere Resonanzfrequenz und größere Bandbreite in der Resonanzkurve des Schwingungssystems Geophon-Boden. Dieser Vorteil rechtfertigt unter Umständen den größeren Arbeitsaufwand.

Die Einbettung des mechanischen Empfängers in das Medium wird neuerdings auch bei der Erforschung natürlicher Erdbeben erwogen. Denn die freie Oberfläche und die lokale Beschaffenheit des Untergrundes erschweren die Deutung der Seismogramme ebenso wie die mikroseismische Bodenunruhe an der Erdoberfläche. Zudem wurde der Verzicht auf den üblichen und meist erforderlichen Seismographensockel die hinsichtlich des Schwingungsverhaltens wirksame Seismographenmasse bedeutend verringern. Ferner entfällt die Verfälschung der zu registrierenden Welle durch die Sekundärwellen, die vom Seismographengebäude ausgehen, das wie der Seismograph selbst erzwungene Schwingungen ausführt. Auf diesen Umstand wird in [3] hingewiesen.

Während demnach die Einbettung des Empfängers für die Seismologie wünschenswert erscheinen mag, gibt es seismische Fragestellungen, für die sie notwendig ist. Hierzu zählen Studien zur Ausbreitung der Welle innerhalb des Mediums, bei denen die Erscheinungen am Rand stören würden oder keine der Aufgabenstellung gerecht werdenden Randpunkte vorhanden sind. Ein Beispiel hierfür ist die Ausbreitung von

Wellen durch ein begrenztes Medium, etwa Sand, mit der Quelle an der Oberfläche. Bei Aufstellung des Empfängers an der freien Oberfläche würden die Oberflächenwellen empfangen, während die übrige Begrenzung des Mediums für den Empfänger unzugänglich und für das Verhalten des Mediums beim Wellendurchgang keineswegs repräsentativ ist. In diesen Fällen ist aber die allgemeine Kenntnis des Verhaltens des eingebetteten Empfängers, die in der vorliegenden theoretischen Untersuchung angestrebt wird, Voraussetzung für quantitative Aussagen über die zu messende Welle.

Eine starre Kugel oder Kugelschale stimmt hinsichtlich des Schwingungsverhaltens im Medium völlig überein mit einem mechanischen Empfänger, dessen Gehänge arretiert ist. Die darauf zugeschnittenen Ergebnisse im allgemeinen Problem beleuchten die in [4] graphisch veranschaulichte Streuung harmonischer longitudinaler Planwellen an einer Kugel mit unendlicher Dichte. Sie bleibt daher in Ruhe. Aus dieser kinematischen Bedingung sind die gestreuten Wellen zu bestimmen. Die Dichte der streuenden Objekte ist aber selten größer als die zehnfache Dichte des umgebenden festen Mediums. Die Annahme einer ruhenden Streukugel entspricht daher selten der Wirklichkeit, insbesondere wenn wie in [4] Kugeln interessieren, deren Durchmesser klein gegen die Wellenlänge ist. Die folgenden Untersuchungen verallgemeinern somit zugleich das genannte Problem der Wellenstreuung.

II. Darstellung der erregenden und gestreuten Wellen durch Entwicklung nach Kugelfunktionen

Es wird angenommen, daß sich in einem homogenen isotropen elastischen Vollraum eine ebene longitudinale Welle ausbreitet. Der Verschiebungsvektor $\mathfrak{u}^*$ eines Partikels ist parallel zur Wellennormale $\mathfrak{i}$;

$$\mathfrak{u}^* = u^* \mathfrak{i}\,, \qquad \mathfrak{i} \cdot \mathfrak{i} = 1\,. \tag{1a}$$

i sei zugleich die Richtung der x_1-Achse eines kartesischen Koordinatensystems mit den Basisvektoren $\mathfrak{i}$, $\mathfrak{j}$, $\mathfrak{k}$. u^* erscheint dann als Funktion von x_1 und der Zeit t. Die Welle sei harmonisch, d. h.

$$u^* = U\, e^{i\,\omega(t - x_1/\alpha_1)}\,. \tag{1b}$$

U ist die Amplitude, ω die Kreisfrequenz und α_1 die Ausbreitungsgeschwindigkeit dieser Welle. Es empfiehlt sich, $\mathfrak{u}^*$ durch ein Potential Φ^* auszudrücken, also

$$\mathfrak{u}^* = \nabla \Phi^*\,.$$

Unter der Annahme (1b) ergibt sich ohne Beschränkung der Allgemeinheit

$$\Phi^* = -\frac{U}{i\,\varkappa_1}\, e^{i\,(\omega t - \varkappa_1 x_1)}\,.$$

$$\varkappa_1 = \frac{\omega}{\alpha_1} = \frac{2\,\pi}{L_1} \tag{2}$$

heißt die Wellenzahl der longitudinalen harmonischen Welle, L_1 ist die Wellenlänge.

Es ist zweckmäßig, die kartesischen Koordinaten x_1, x_2, x_3 durch räumliche Kugelkoordinaten r, ϑ, φ zu ersetzen, so daß

$$x_1 = r\cos\vartheta\,,$$
$$x_2 = r\sin\vartheta\cos\varphi\,,$$
$$x_3 = r\sin\vartheta\sin\varphi$$

gilt.

Nach RYSHIK-GRADSTEIN [8] 6.521.4 ergibt sich für Φ^* die Entwicklung nach Kugelfunktionen

$$\Phi^* = \frac{-U}{i\,\varkappa_1}\, e^{i\,\omega t} \sqrt{\frac{\pi}{2\,\varkappa_1 r}} \sum_{n=0}^{\infty} (2\,n+1)\,(-i)^n\, J_{n+\frac{1}{2}}(\varkappa_1 r)\, P_n(\cos\vartheta)\,. \tag{3}$$

Die LEGENDREschen Polynome $P_n(\cos\vartheta)$ erfüllen die Differentialgleichung

$$n\,(n+1)\,P_n + \frac{1}{\sin\vartheta}\frac{d}{d\vartheta}\left(\sin\vartheta\frac{d}{d\vartheta}P_n\right) = 0\,. \tag{4}$$

Zur Vereinfachung der Rechnung werden an Stelle der gewöhnlichen BESSELfunktionen erster Art $J_{n+\frac{1}{2}}$ die sphärischen BESSELfunktionen erster Art

$$j_n(z) = \sqrt{\frac{\pi}{2z}}\, J_{n+\frac{1}{2}}(z) \quad \text{mit} \quad z = \varkappa_1 r \tag{5}$$

eingeführt. Die aus [8] 6.473.1 folgende Darstellung

$$j_n = (-1)^n z^n \frac{d^n}{(z\,dz)^n}\left[\frac{\sin z}{z}\right] \tag{6}$$

läßt erkennen, daß diese Funktionen im Koordinatenursprung $r = 0$ endlich sind. Aus (6) ergibt sich insbesondere

$$j_0 = \frac{1}{z}\sin z\,,$$

$$j_1 = \frac{1}{z}\left(\frac{\sin z}{z} - \cos z\right). \tag{7}$$

Die Differentialgleichung der j_n lautet

$$j_n'' + \frac{2}{z} j_n' + \left[1 - \frac{n(n+1)}{z^2}\right] j_n = 0\,. \tag{8}$$

An Hand der Relationen 6.482.1 und 6.482.2 in [8] bestätigt man leicht die Rekursionsformeln

$$z j_n' + (n+1) j_n = z j_{n-1}\,, \tag{9}$$

$$z j_n' - n j_n = -z j_{n+1}\,. \tag{10}$$

Aus dem gegebenen Medium denke man sich eine Kugel mit dem Radius R um den Koordinatenursprung herausgeschnitten. Das dadurch veränderte stationäre Wellenfeld wird nicht mehr durch $\mathfrak{u}^*$ beschrieben, sondern durch den Verschiebungsvektor $\mathfrak{u}$. In der klassischen Elastizitätstheorie kann man diesen Vektor als Summe von $\mathfrak{u}^*$ und einem Anteil auffassen, der die longitudinalen und transversalen Streuwellen repräsentiert. Um aber die lineare Elastizitätstheorie anwenden zu können, muß das Verschiebungsfeld schwach veränderlich sein, was durch

$$U \ll L_1$$

charakterisiert wird.

Der generelle Ansatz

$$\mathfrak{u} = \nabla \Phi + \nabla \times \mathfrak{A} \tag{11}$$

zerlegt das Feld des Verschiebungsvektors $\mathfrak{u}$ in eine rotationsfreie und eine divergenzfreie Komponente. Das skalare Potential Φ und das Vektorpotential $\mathfrak{A}$ sind so zu wählen, daß $\mathfrak{u}$ der Grundgleichung der klassischen Elastizitätstheorie

$$\alpha_1^2 \nabla \nabla \cdot \mathfrak{u} - \alpha_2^2 \nabla \times (\nabla \times \mathfrak{u}) = \frac{\partial^2 \mathfrak{u}}{\partial t^2}$$

genügt. Diese Foderung ist gleichwertig mit den Bedingungen

$$\Delta \Phi = \frac{1}{\alpha_1^2} \frac{\partial^2 \Phi}{\partial t^2} \tag{12}$$

und

$$- \nabla \times (\nabla \times \mathfrak{A}) = \frac{1}{\alpha_2^2} \frac{\partial^2 \mathfrak{A}}{\partial t^2}. \tag{13}$$

Der aus dem Medium herausgeschnittene kugelförmige Bereich wird durch eine starre homogene Kugelschale mit dem äußeren Radius R ersetzt. Mit der Schale ist eine in deren Inneren befindliche Masse elastisch verbunden. Die Masse kann relativ zur Kugelschale lineartranslatorische Schwingungen ausführen. Dieser Mechanismus ist ein einfaches Modell für den mechanischen Empfänger eines Seismographen. Das Gestell des Empfängers wird durch die Kugelschale, das Gehänge durch die lineartranslatorisch bewegliche Masse repräsentiert.

Es wird angenommen, daß sich der Schwerpunkt der Gehängemasse auf der x_1-Achse bewegt. Dadurch verhält sich das durch $\mathfrak{u}$ dargestellte Wellenfeld rotationssymmetrisch zur x_1-Achse, wodurch sich die mathematische Behandlung des Problems wesentlich vereinfacht.

Bezüglich der orthonormierten Basisvektoren

$$\mathfrak{t}_r = \mathfrak{i} \cos \vartheta + \mathfrak{j} \sin \vartheta \cos \varphi + \mathfrak{k} \sin \vartheta \sin \varphi ,$$

$$\mathfrak{t}_\vartheta = - \mathfrak{i} \sin \vartheta + \mathfrak{j} \cos \vartheta \cos \varphi + \mathfrak{k} \cos \vartheta \sin \varphi ,$$

$$\mathfrak{t}_\varphi = - \mathfrak{j} \sin \varphi + \mathfrak{k} \cos \varphi$$

lautet der Nablaoperator

$$\nabla = \frac{\partial}{\partial r} \mathfrak{t}_r + \frac{1}{r} \frac{\partial}{\partial \vartheta} \mathfrak{t}_\vartheta + \frac{1}{r \sin \vartheta} \frac{\partial}{\partial \varphi} \mathfrak{t}_\varphi .$$

Die vektorielle Gleichung (13) wird durch den Ansatz

$$\mathfrak{A} = - \nabla \times r \Psi \mathfrak{t}_r \tag{14a}$$

gelöst, wobei Ψ der skalaren Wellengleichung

$$\Delta \Psi = \frac{1}{\alpha_2^2} \frac{\partial^2 \Psi}{\partial t^2} \tag{15}$$

genügt und unabhängig von φ ist [9], also

$$\frac{\partial \Psi}{\partial \varphi} = 0 . \tag{14b}$$

Damit und durch

$$\frac{\partial \Phi}{\partial \varphi} = 0 \tag{14c}$$

ist die Symmetrie des Wellenfeldes ausgedrückt.

Die gesuchten Lösungen von (12) und (15) sind im Hinblick auf die durch (1) dargestellte primäre Welle periodische Funktionen der Zeit mit derselben Grundfrequenz ω. Es läßt sich zeigen, daß sekundäre harmonische Wellen mit von ω verschiedener Kreisfrequenz nicht auftreten, so daß sich $\Phi - \Phi^*$ und Ψ in der Form

$$e^{i \omega t} f(r, \vartheta, \varphi)$$

analytisch ausdrücken lassen.

Die Kugelgestalt des Gestells vom mechanischen Empfänger legt nahe, auch die Veränderlichen r, ϑ, φ zu trennen. Aus den physikalisch anschaulichen Forderungen, daß $f(r, \vartheta, \varphi)$ beschränkt ist und eindeutig von φ abhängt, ergeben sich als Teillösungen

$$e^{i \omega t} y_n(\varkappa r) \sin^m \vartheta \frac{\partial^m P_n(\cos \vartheta)}{\partial (\cos \vartheta)^m} \begin{cases} \cos m \varphi \\ \sin m \varphi \end{cases},$$

$$n = 0, 1, 2, \ldots,$$

$$m = 0, 1, \ldots, n ,$$

$$\varkappa = \varkappa_1 \text{ bzw. } \varkappa_2 .$$

Die y_n erfüllen die Gleichung (8). Da aber $\Phi - \Phi^*$ bzw. Ψ eine nach außen divergierende Welle darzustellen hat, darf man nicht $y_n = j_n$ setzen, da die Funktionen j_n im Ursprung regulär sind. Dagegen kann man für $y_n(\varkappa r)$ sphärische HANKELfunktionen oder auch die sphärischen BESSELfunktionen komplexen Argumentes $k_n(i\,\varkappa\,r)$ nehmen [4]. Diese Funktionen hängen mit den halbzahlig indizierten BESSELfunktionen komplexen Argumentes $K_{n+\frac{1}{2}}$ folgendermaßen zusammen:

$$k_n(i\,\varkappa\,r) = \sqrt{\frac{2}{\pi\,i\,\varkappa\,r}}\;K_{n+\frac{1}{2}}(i\,\varkappa\,r)\,. \tag{16}$$

Der Zusammenhang geht aus dem Vergleich der Differentialgleichungen beider Funktionen und ihrem Verhalten in den singulären Stellen hervor [8]. Nach 6.478 in [8] gilt

$$k_n = \frac{1}{\zeta}\,e^{-\zeta}\,F_n(\zeta)\,, \qquad \zeta = i\,\varkappa\,r\,. \tag{17a}$$

Die STOKESschen Funktionen

$$F_n(\zeta) = \sum_{\nu=0}^{n} \frac{(n+\nu)!}{\nu!\,(n-\nu)!\,(2\,\zeta)^\nu}$$

drücken das „Nahfeld" aus. Insbesondere gilt

$$F_0 = 1\,, \qquad F_1 = 1 + \frac{1}{\zeta}\,, \qquad F_2 = 1 + \frac{3}{\zeta} + \frac{3}{\zeta^2}\,, \ldots \tag{17b}$$

Die k_n genügen der Differentialgleichung

$$k_n''(\zeta) + \frac{2}{\zeta}\,k_n'(\zeta) - \left[1 + \frac{n(n+1)}{\zeta^2}\right] k_n(\zeta) = 0\,. \tag{18}$$

Aus 6.496.12 und 6.496.13 in [8] ergeben sich wegen (16) die Rekursionsformeln

$$(n+1)\,k_n + \zeta\,k_n' = -\,\zeta\,k_{n-1}\,, \tag{19}$$

$$-\,n\,k_n + \zeta\,k_n' = -\,\zeta\,k_{n+1}\,. \tag{20}$$

Der Ausdruck

$$e^{i\,\omega\,t}\,k_n(i\,\varkappa\,r)\sum_{m=0}^{n} \sin^m\vartheta\,\frac{\partial^m P_n(\cos\vartheta)}{\partial(\cos\vartheta)^m}\,(l_{n\,m}\cos m\,\varphi + l_{n\,m}'\sin m\,\varphi)$$

stellt den allgemeinen homogenen Pol n-ter Ordnung bei einer harmonischen Welle dar; vgl. [2]. Ihr allgemeinster Pol wird durch die Summe

$$e^{i\omega t}\sum_{n=0}^{\infty} k_n(i\varkappa r)\sum_{m=0}^{n}\sin^m\vartheta\,\frac{\partial^m P_n(\cos\vartheta)}{\partial(\cos\vartheta)^m}\,(l_{nm}\cos m\varphi + l'_{nm}\sin m\varphi)$$

repräsentiert.

Aufgrund von (14c) beschreibt

$$e^{i\omega t}\sum_{n=0}^{\infty} a_n\, k_n(i\varkappa_1 r)\, P_n(\cos\vartheta) = \Phi - \Phi^*$$

mit den zunächst unbestimmten Koeffizienten $a_n = l_{n0}$ den polartigen Lösungsanteil von (12), also die rotationsfreie Streuwelle. Mit der Substitution

$$f_n = U\,\frac{2n+1}{\varkappa_1}\,(-i)^{n-1} \tag{21}$$

ergibt sich wegen (12), (3) und (5)

$$\Phi = e^{i\omega t}\sum_{n=0}^{\infty}[f_n\, j_n(\varkappa_1 r) + a_n\, k_n(i\varkappa_1 r)]\, P_n(\cos\vartheta)\,. \tag{22}$$

$$\varkappa_2 = \frac{\omega}{\alpha_2} \tag{23}$$

bezeichnet die Wellenzahl der divergenzfreien Welle. Wegen (14b) lautet dann die Lösung von (15)

$$\Psi = -\,e^{i\omega t}\sum_{n=0}^{\infty} b_n\, k_n(i\varkappa_2 r)\, P_n(\cos\vartheta)\,. \tag{24}$$

Die Maßzahlen $u_r, u_\vartheta, u_\varphi$ des Verschiebungsvektors $\mathfrak{u}$ bezüglich der Basis $\mathfrak{t}_r, \mathfrak{t}_\vartheta, \mathfrak{t}_\varphi$, so daß

$$\mathfrak{u} = u_r\,\mathfrak{t}_r + u_\vartheta\,\mathfrak{t}_\vartheta + u_\varphi\,\mathfrak{t}_\varphi,$$

ergeben sich nach (11) und (14) zu

$$u_r = \frac{\partial\Phi}{\partial r} + \frac{1}{r\sin\vartheta}\,\frac{\partial}{\partial\vartheta}\sin\vartheta\,\frac{\partial\Psi}{\partial\vartheta},$$

$$u_\vartheta = \frac{1}{r}\,\frac{\partial\Phi}{\partial\vartheta} - \frac{1}{r}\,\frac{\partial^2 r\,\Psi}{\partial r\,\partial\vartheta},$$

$$u_\varphi = 0$$

und schließlich unter Beachtung von (22), (24) und (4) zu

$$u_r = \frac{1}{r} e^{i\omega t} \sum_{n=0}^{\infty} [f_n \varkappa_1 r j_n'(\varkappa_1 r) + a_n i \varkappa_1 r k_n'(i \varkappa_1 r)$$

$$+ b_n n (n+1) k_n(i \varkappa_2 r)] P_n(\cos\vartheta), \quad (25)$$

$$u_\vartheta = \frac{1}{r} e^{i\omega t} \sum_{n=0}^{\infty} [f_n j_n(\varkappa_1 r) + a_n k_n(i \varkappa_1 r) + b_n k_n(i \varkappa_2 r)$$

$$+ b_n i \varkappa_2 r k_n'(i \varkappa_2 r)] \frac{\partial}{\partial\vartheta} P_n(\cos\vartheta). \quad (26)$$

III. Die Koeffizienten der Entwicklung

Es ist zweckmäßig, den Feldvektor $\mathfrak{u}$ in die Komponenten $\check{\mathfrak{u}}$ und $\hat{\mathfrak{u}}$ zu zerlegen, wobei $\check{\mathfrak{u}}$ jenes Wellenfeld beschreibt, das sich bei festgehaltener Kugel einstellt, während mit $\hat{\mathfrak{u}}$ der Bestandteil des $\mathfrak{u}$-Feldes berücksichtigt wird, der durch die Beweglichkeit des mechanischen Empfängers bedingt ist;

$$\mathfrak{u} = \check{\mathfrak{u}} + \hat{\mathfrak{u}}$$

Für die Maßzahlen $\check{u}_r$, $\check{u}_\vartheta$ von $\check{\mathfrak{u}}$ gelten die zu (25) und (26) analogen Darstellungen, worin anstelle von a_n und b_n die Koeffizienten $\check{a}_n$ und $\check{b}_n$ auftreten. Die Differenzen

$$u_r - \check{u}_r = \hat{u}_r ,$$
$$u_\vartheta - \check{u}_\vartheta = \hat{u}_\vartheta$$

sind die entsprechenden Maßzahlen des Vektors $\hat{u}$. Die Darstellungen dieser Maßzahlen ergeben sich aus (25) und (26), wenn man $f_n = 0$ setzt und a_n, b_n durch

$$a_n - \check{a}_n = \hat{a}_n ,$$
$$b_n - \check{b}_n = \hat{b}_n$$

ersetzt.

Nimmt man an, daß die kugelförmige Oberfläche des Gestells mit dem umgebenden Medium fest verhaftet ist, so ist das gleichbedeutend mit der Stetigkeit von $\mathfrak{u}$ auf der Kugel $r = R$.

Da sich diese Kugel wie ein starrer Körper verhalten soll, ergeben sich für $\check{u}$ die Randbedingungen

$$(\check{u}_r)_{r=R} = 0 , \tag{27}$$

$$(\check{u}_\vartheta)_{r=R} = 0 . \tag{28}$$

Aus (27) folgen wegen der Orthogonalität der LEGENDREschen Polynome $P_n(\cos\vartheta)$ die Gleichungen

$$f_n \varkappa_1 R j_n'(\varkappa_1 R) + \check{a}_n i \varkappa_1 R k_n'(i \varkappa_1 R) + \check{b}_n n (n+1) k_n(i \varkappa_2 R) = 0 , \quad n \geqq 0 . \tag{29}$$

Die Darstellung von $\check{u}_\vartheta$ liefert unter der Randbedingung (28) nach Integration bezüglich ϑ auf Grund der Orthogonalität der $P_n(\cos\vartheta)$

$$f_n j_n(\varkappa_1 R) + \check{a}_n k_n(i \varkappa_1 R) + \check{b}_n [k_n(i \varkappa_2 R) + i \varkappa_2 R k_n'(i \varkappa_2 R)] = 0 , \quad n > 0 . \tag{30}$$

Mit (29) und (30) liegen unendlich viele Gleichungen vor, aus denen sich die Koeffizienten $\check{a}_0$ und $\check{a}_n$, $\check{b}_n$ für $n > 0$ bestimmen lassen. Aus (29) folgt für $n = 0$

$$\check{a}_0 = -\frac{U}{\varkappa_1} \frac{j_0'(\varkappa_1 R)}{k_0'(i \varkappa_1 R)} .$$

Zu jedem $n > 0$ existieren zwei lineare Gleichungen für $\check{a}_n$ und $\check{b}_n$ mit der Koeffizientendeterminante

$$\Delta_n = i \varkappa_1 R k_n'(i \varkappa_1 R) [k_n(i \varkappa_2 R) + i \varkappa_2 R k_n'(i \varkappa_2 R)] \cdot \\ - n (n+1) k_n(i \varkappa_1 R) k_n(i \varkappa_2 R) . \tag{31}$$

Aus diesem Gleichungssystem lassen sich $\check{a}_n$ und $\check{b}_n$ eindeutig berechnen, da der gesamte mechanische Vorgang determiniert ist und somit insbesondere auch die Kugelwellen n-ter Ordnung eindeutig bestimmt sind. Demnach kann Δ_n für keinen reellen Wert von R verschwinden, so daß wie in [4]

$$\check{a}_n = \frac{f_n}{\Delta_n} \{n (n+1) j_n(\varkappa_1 R) k_n(i \varkappa_2 R) \\ - \varkappa_1 R j_n'(\varkappa_1 R) [k_n(i \varkappa_2 R) + i \varkappa_2 R k_n'(i \varkappa_2 R)]\} ,$$

$$\check{b}_n = \frac{f_n}{\Delta_n} \{\varkappa_1 R k_n(i \varkappa_1 R) j_n'(\varkappa_1 R) - i \varkappa_1 R j_n(\varkappa_1 R) k_n'(i \varkappa_1 R)\} .$$

An späterer Stelle der Untersuchung werden insbesondere die Ausdrücke Δ_1, $\check{a}_1$, $\check{b}_1$ benötigt. Sie lauten

$$\left.\begin{aligned}\Delta_1 &= i\varkappa_1 R\,k_0(i\varkappa_1 R)\,i\varkappa_2 R\,k_0(i\varkappa_2 R) + i\varkappa_1 R\,k_0(i\varkappa_1 R)\,k_1(i\varkappa_2 R)\\ &\quad + 2\,i\,\varkappa_2\,R\,k_0(i\,\varkappa_2\,R)\,k_1(i\,\varkappa_1\,R)\,,\\ \check{a}_1 &= \frac{f_1}{\Delta_1}\{\varkappa_1 R\,j_0(\varkappa_1 R)\,i\varkappa_2 R\,k_0(i\varkappa_2 R) + \varkappa_1 R\,j_0(\varkappa_1 R)\,k_1(i\varkappa_2 R)\\ &\quad - 2\,i\,\varkappa_2\,R\,k_0(i\,\varkappa_2\,R)\,j_1(\varkappa_1\,R)\}\,,\\ \check{b}_1 &= \frac{f_1}{\Delta_1}\{\varkappa_1\,R\,j_0(\varkappa_1\,R)\,k_1(i\,\varkappa_1\,R) + i\,\varkappa_1\,R\,k_0(i\,\varkappa_1\,R)\,j_1(\varkappa_1\,R)\}\,.\end{aligned}\right\}\quad(32)$$

Darin sind die Ableitungen von j_1 und k_1 mit Hilfe der Rekursionsformeln (9) und (19) eliminiert worden.

Mit

$$x_1\,,\qquad \varrho = \sqrt{r^2 - x_1^2}\,,\qquad \varphi$$

werden die Zylinderkoordinaten des Punktes x_1, x_2, x_3 bzw. r, ϑ, φ eingeführt. Bezüglich der orthonormierten Vektoren

$$\mathfrak{i},\quad \mathfrak{t}_\varrho = \mathfrak{j}\cos\varphi + \mathfrak{k}\sin\varphi,\quad \mathfrak{t}_\varphi$$

ergibt sich für $\mathfrak{u}$ die Zerlegung

$$\mathfrak{u} = u_{x_1}\,\mathfrak{i} + u_\varrho\,\mathfrak{t}_\varrho\,.$$

Es gilt

$$u_{x_1} = u_r\cos\vartheta - u_\vartheta\sin\vartheta\,,$$

$$u_\varrho = u_r\sin\vartheta + u_\vartheta\cos\vartheta\,.$$

Wegen der Randbedingungen (27) und (28) folgt daraus

$$(u_{x_1})_{r=R} = (\hat{u}_r)_{r=R}\cos\vartheta - (\hat{u}_\vartheta)_{r=R}\sin\vartheta\,,$$

$$(u_\varrho)_{r=R} = (\hat{u}_r)_{r=R}\sin\vartheta + (\hat{u}_\vartheta)_{r=R}\cos\vartheta\,.$$

Da sich das Gestell wie ein starrer Körper verhalten soll, führt jeder Gestellpunkt dieselbe lineare Translation $p(t)$ aus, die parallel zur x_1-Achse erfolgt. Wegen der Stetigkeit von $\mathfrak{u}$ auf der Kugel $r = R$ gilt

$$(u_{x_1})_{r=R} = p(t)$$

und

$$(u_\varrho)_{r=R} = 0\,,$$

so daß

$$\left.\begin{aligned}(\hat{u_r})_{r=R}\cos\vartheta - (u_\vartheta)_{r=R}\sin\vartheta &= p(t)\,,\\ (\hat{u_r})_{r=R}\sin\vartheta + (\hat{u_\vartheta})_{r=R}\cos\vartheta &= 0\,.\end{aligned}\right\}\tag{33}$$

Die letzte dieser beiden Gleichungen geht mit (25) und (26) über in

$$\sum_{n=0}^{\infty}\left[\hat{a_n}\, i\,\varkappa_1\, k_n'(i\,\varkappa_1 R) + \hat{b_n}\frac{n\,(n+1)}{R}\, k_n(i\,\varkappa_2 R)\, P_n(\cos\vartheta)\sin\vartheta\right.$$

$$-\frac{1}{R}\sum_{n=1}^{\infty}[\hat{a_n}\, k_n(i\,\varkappa_1 R) + \hat{b_n}\,\{k_n(i\,\varkappa_2 R) + i\,\varkappa_2 R\, k_n'(i\,\varkappa_2 R)\}]$$

$$\times P_n'(\cos\vartheta)\sin\vartheta\cos\vartheta = 0\,.$$

Diese Relation vereinfacht sich unter Verwendung der Substitutionen

$$\left.\begin{aligned}&\frac{\hat{a_n}}{R}[i\,\varkappa_1 R\, k_n'(i\,\varkappa_1 R) - n\, k_n(i\,\varkappa_1 R)]\\ &\qquad -\frac{n\,\hat{b_n}}{R}[i\,\varkappa_2 R\, k_n'(i\,\varkappa_2 R) - n\, k_n(i\,\varkappa_2 R)] = A_n\,,\\ &\frac{\hat{a_n}}{R}k_n(i\,\varkappa_1 R) + \frac{\hat{b_n}}{R}[i\,\varkappa_2 R\, k_n'(i\,\varkappa_2 R) + n\, k_n(i\,\varkappa_2 R)] = B_n\end{aligned}\right\}\tag{34}$$

wegen

$$\cos\vartheta\, P_n'(\cos\vartheta) = n\, P_n(\cos\vartheta) + P_{n-1}'(\cos\vartheta)\,,$$

[5], zu

$$\sum_{n=0}^{\infty} A_n\, P_n(\cos\vartheta) - \sum_{n=1}^{\infty} B_n\, P_{n-1}'(\cos\vartheta) = 0\,.\tag{35}$$

Aus der Formel

$$P_{\nu+1}'(\cos\vartheta) - P_{\nu-1}'(\cos\vartheta) = (2\,\nu+1)\, P_\nu(\cos\vartheta)\,,$$

[5], ergibt sich durch Summation über ν von 0 bis $\left[\frac{k}{2}-1\right]$

$$P_{k-1}'(\cos\vartheta) = \sum_{\nu=0}^{\left[\frac{k}{2}-1\right]}(2\,k-2\,\nu-3)\, P_{k-2\nu-2}(\cos\vartheta)\,.$$

Damit nimmt (35) die Gestalt

$$\sum_{n=0}^{\infty} A_n\, P_n(\cos\vartheta) - \sum_{k=1}^{\infty} B_k \sum_{\nu=0}^{\left[\frac{k}{2}-1\right]}(2\,k-2\,\nu-3)\, P_{k-2\nu-2}(\cos\vartheta) = 0$$

an. Um in der Doppelsumme formal alle Glieder zusammenzufassen, die mit demselben P_n multipliziert sind, braucht man nur

$$n = k - 2\nu - 2$$

zu setzen. Das ergibt schließlich

$$\sum_{n=0}^{\infty} [A_n - \sum_{\nu=0}^{\infty} (2n + 2\nu + 1) B_{n+2\nu+2}] P_n(\cos\vartheta) = 0 . \quad (36)$$

Daraus folgen wegen der Orthogonalität der LEGENDREschen Polynome die homogenen Gleichungen

$$A_n \sum_{\nu=0}^{\infty} (2n + 2\nu + 1) B_{n+2\nu+2} = 0 , \qquad n \geqq 0 , \quad (37)$$

für die unbekannten Größen

$$A_0, A_1, A_2, B_2, A_3, B_3, A_4, B_4, \ldots \quad (38)$$

Wegen (25) und (26) geht (33) in

$$p(t) = e^{i\omega t} \Bigg\{ \sum_{n=0}^{\infty} \left[\hat{a_n}\, i\, \varkappa_1 k_n'(i\varkappa_1 R) + \hat{b_n} \frac{n(n+1)}{R} k_n(i\varkappa_2 R) \right]$$

$$\times P_n(\cos\vartheta)\cos\vartheta + \frac{1}{R} \sum_{n=1}^{\infty} [\hat{a_n}\, k_n(i\varkappa_1 R)$$

$$+ \hat{b_n}\, \{k_n(i\varkappa_2 R) + i\varkappa_2 R\, k_n'(i\varkappa_2 R)\}]\, P_n'(\cos\vartheta)\sin^2\vartheta \Bigg\}$$

über. Die Relation

$$\sin^2\vartheta\, P_n'(\cos\vartheta) = -n\cos\vartheta\, P_n(\cos\vartheta) + n\, P_{n-1}(\cos\vartheta) \quad (39)$$

aus [5] und die Substitutionen (34) gestatten die Darstellung

$$p(t) = e^{i\omega t} \left\{ \sum_{n=0}^{\infty} A_n P_n(\cos\vartheta)\cos\vartheta + \sum_{n=1}^{\infty} n B_n P_{n-1}(\cos\vartheta) \right\} . \quad (40)$$

Da $p(t)$ die Translation der starren Gestellkugel beschreibt, darf (40) nicht von ϑ bzw. $\cos\vartheta$ abhängen, so daß

$$\sum_{n=0}^{\infty} A_n [\cos\vartheta\, P_n'(\cos\vartheta) + P_n(\cos\vartheta)] + \sum_{n=1}^{\infty} n\, B_n\, P_{n-1}'(\cos\vartheta) = 0 .$$

Ebenso, wie sich (36) aus (35) herleitet, ergibt sich hier

$$\sum_{n=0}^{\infty}\Big[(n+1)A_n+\sum_{\nu=0}^{\infty}(2n+2\nu+1)\{A_{n+2\nu+2}$$

$$+(n+2\nu+2)B_{n+2\nu+2}\}\Big]P_n(\cos\vartheta)=0\,. \qquad (41)$$

Die Orthogonalität der Legendreschen Polynome verhilft zu

$$(n+1)A_n+\sum_{\nu=0}^{\infty}(2n+2\nu+1)A_{n+2\nu+2}$$

$$+\sum_{\nu=0}^{\infty}(2n+2\nu+1)(n+2\nu+2)B_{n+2\nu+2}=0\,,\qquad n\geqq 0, \qquad (42)$$

Zur Bestimmung der unendlich vielen Substitutionsgrößen (38) stehen die unendlich vielen linearen homogenen Gleichungen (37) und (42) zur Verfügung. Weitere Bedingungen derselben Art ergeben sich aus (36) und (41) durch Differentiation nach $\cos\vartheta$ und nachfolgender Entwicklung nach Legendreschen Polynomen unter Berücksichtigung ihrer Orthogonalität. Diese linearen homogenen Gleichungen besagen jedoch physikalisch nichts Neues und sind für die Bestimmung der Größen (38) entbehrlich.

Es werde zunächst angenommen, daß die in

$$p(t)-e^{i\omega t}B_1=e^{i\omega t}\Big[\sum_{n=0}^{\infty}A_n\cos\vartheta\,P_n(\cos\vartheta)$$

$$+\sum_{n=2}^{\infty}n\,B_n\,P_{n-1}(\cos\vartheta)\Big] \qquad (43)$$

auftretenden Koeffizienten (38) nicht alle verschwinden. Neben (38) erfüllt auch die Folge

$$\eta A_0,\ \eta A_1,\ \eta A_2,\ \eta B_2,\ \eta A_3,\ \eta B_3,\ \eta A_4,\ \eta B_4,\ \ldots \quad \text{mit} \quad \eta \neq 1$$

die homogenen Gleichungen (37) und (42). Die Differenz (43) gestattet somit auch die Darstellung

$$p(t)-e^{i\omega t}B_1$$

$$=e^{i\omega t}\Big[\sum_{n=0}^{\infty}\eta\,A_n\cos\vartheta\,P_n(\cos\vartheta)+\sum_{n=2}^{\infty}n\,\eta\,B_n\,P_{n-1}(\cos\vartheta)\Big]$$

$$=\eta\,[p(t)-e^{i\omega t}B_1]\,.$$

Daher ist wegen $\eta \neq 1$

$$p(t) = e^{i\omega t} B_1 , \tag{44}$$

$$\sum_{n=0}^{\infty} A_n \cos \vartheta \, P_n(\cos \vartheta) + \sum_{n=2}^{\infty} n \, B_n \, P_{n-1}(\cos \vartheta) = 0 . \tag{45}$$

Das bestimmte Integral über (45) bezüglich des Integrationsintervalles $-1 \leqq \cos \vartheta \leqq 1$ verhilft wegen der Orthogonalität der $P_n(\cos \vartheta)$ zu

$$A_1 = 0 , \tag{46}$$

wenn man $P_0 = 1$ und $P_1 = \cos \vartheta$ beachtet.

Die Annahme, daß alle Größen (38) verschwinden, verhilft ebenfalls zu den Ergebnissen (44) und (45) und befriedigt insbesondere die notwendige Bedingung (46). Es darf daher

$$A_0 = A_1 = A_2 = B_2 = A_3 = B_3 = A_4 = B_4 = \ldots = 0$$

angenommen werden.

Aus (44) geht hervor, daß B_1 die komplexe Amplitude der harmonischen Schwingung des kugelförmig angenommenen starren Gestells ist.

IV. Die auf den Empfänger wirkenden äußeren Kräfte

Vom Verzerrungstensor werden nur die Kugelkoordinaten

$$e_{rr} = \frac{\partial u_r}{\partial r} ,$$

$$e_{rr} = \frac{1}{r} \frac{\partial u_r}{\partial \vartheta} + \frac{\partial u_\vartheta}{\partial r} - \frac{u_\vartheta}{r} ,$$

[4], benötigt. Die entsprechenden Kugelkoordinaten des Spannungstensors ergeben sich nach dem Hookeschen Gesetz zu

$$\pi_{r\vartheta} = \lambda \nabla \cdot \mathfrak{u} + 2 \mu \, e_{rr} ,$$

$$\pi_{r\vartheta} = \mu \, e_{r\vartheta} .$$

λ und μ sind die LAMÉschen Konstanten, ϱ ist die Dichte, so daß mit α_2 als Ausbreitungsgeschwindigkeit der transversalen Wellen

$$\mu = \varrho\,\alpha_2^2\,, \qquad \lambda = \varrho\,(\alpha_1^2 - 2\,\alpha_2^2)\,. \tag{47}$$

Aus (11), (12), (22) und (2) folgt

$$\nabla \cdot \mathfrak{u} = \Delta\Phi = \frac{1}{\alpha_1^2}\,\frac{\partial^2\Phi}{\partial t^2} = -\varkappa_1^2\,\Phi\,,$$

also

$$\pi_{rr} = -\lambda\,\varkappa_1^2\,\Phi + 2\,\mu\,\frac{\partial u_r}{\partial r}\,.$$

In expliziter Schreibweise erscheint π_{rr} als eine Entwicklung nach LEGENDREschen Polynomen:

$$\pi_{rr} = e^{i\,\omega\,t}\sum_{n=0}^{\infty} c_n(r)\,P_n(\cos\vartheta) \tag{48}$$

mit

$$\begin{aligned} c_n(r) = &-\lambda\,\varkappa_1^2[f_n\,j_n(\varkappa_1\,r) + a_n\,k_n(i\,\varkappa_1\,r)] \\ &+ 2\,\mu\,\frac{\partial}{\partial r}\Big[f_n\,\varkappa_1\,j_n'(\varkappa_1\,r) + a_n\,i\,\varkappa_1\,k_n'(i\,\varkappa_1\,r) \\ &+ b_n\,\frac{n\,(n+1)}{r}\,k_n(i\,\varkappa_2\,r)\Big] \end{aligned} \tag{49}$$

wegen (22), (25) und (26). Die Koeffizienten d_n in der Entwicklung

$$\pi_{r\vartheta} = e^{i\omega t}\sum_{n=0}^{\infty} d_n(r)\,\frac{\partial}{\partial\vartheta}\,P_n(\cos\vartheta) \tag{50}$$

ergeben sich zu

$$\begin{aligned} d_n(r) = &\frac{\mu}{r}\Big[f_n\,\varkappa_1\,j_n'(\varkappa_1\,r) + a_n\,i\,\varkappa_1\,k_n'(i\,\varkappa_1\,r) + b_n\,\frac{n\,(n+1)}{r}\,k_n(i\,\varkappa_2 r)\Big] \\ &+ \Big(\frac{\partial}{\partial r} - \frac{1}{r}\Big)\frac{\mu}{r}\Big[f_n\,j_n(\varkappa_1 r) + a_n\,k_n(i\,\varkappa_1\,r) + b_n\,\frac{\partial}{\partial r}\,r\,k_n(i\,\varkappa_2 r)\Big]\,. \end{aligned} \tag{51}$$

Für die Kugelkoordinaten df_r, df_ϑ, df_φ des Flächenelements der Kugel $r = R$ gilt

$$df_\vartheta = df_\varphi = 0$$

und

$$df_r = R^2 \sin\vartheta\, d\varphi\, d\vartheta\,.$$

Von den Kugelkoordinaten $d\pi_r$, $d\pi_\vartheta$, $d\pi_\varphi$ der an dem Flächenelement der Kugel $r = R$ angreifenden Kraft interessieren vorübergehend nur

$$d\pi_r = \pi_{rr}\, df_r + \pi_{r\vartheta}\, df_\vartheta + \pi_{r\vartheta}\, df_\varphi = \pi_{rr}\, df_r\,,$$

$$d\pi_\vartheta = \pi_{\vartheta r}\, df_r + \pi_{\vartheta\vartheta}\, df_\vartheta + \pi_{\vartheta\varphi}\, df_\varphi = \pi_{r\vartheta}\, df_r\,.$$

Mit Hilfe dieser beiden Koordinaten ergibt sich die Kraftkomponente $d\pi_{x_1}\mathfrak{i}$ in der x_1-Richtung gemäß

$$\begin{aligned} d\pi_{x_1} &= d\pi_r \cos\vartheta - d\pi_\vartheta \sin\vartheta \\ &= (\pi_{rr}\cos\vartheta - \pi_{r\vartheta}\sin\vartheta)\, R^2 \sin\vartheta\, d\varphi\, d\vartheta\,. \end{aligned}$$

(48), (50) und (39) führen weiter zu

$$\begin{aligned} d\pi_{x_1} &= e^{i\omega t} \sum_{n=0}^{\infty} [c_n P_n \cos\vartheta + d_n P'_n \sin^2\vartheta]\, R^2 \sin\vartheta\, d\varphi\, d\vartheta \\ &= -e^{i\omega t} \sum_{n=0}^{\infty} [(c_n - n\, d_n)\, P_n \cos\vartheta + n\, d_n P_{n-1}]\, R^2\, d\varphi\, d(\cos\vartheta)\,. \end{aligned}$$

c_n und d_n beziehen sich auf die Kugel $r = R$.

Durch Integration über die Kugel $r = R$ findet man daraus unter Berücksichtigung der Orthogonalitätsrelationen der LEGENDREschen Polynome die x_1-Koordinate der gesamten auf die Kugeloberfläche wirkenden Kraft

$$\begin{aligned} \pi_{x_1} &= e^{i\omega t} R^2\, 2\pi \left[\frac{2}{3}(c_1 - d_1) + 2\, d_1\right] \\ &= e^{i\omega t} R^2 \frac{4\pi}{3}(c_1 + 2\, d_1)\,. \end{aligned} \tag{52}$$

Da senkrecht zur x_1-Achse aus Symmetriegründen keine Kraft wirkt, ist $\pi_{x_1}\mathfrak{i}$ die resultierende Kraft.

Diese Kraft soll explizit dargestellt und dazu

$$c_1 + 2\, d_1 = e$$

in eine möglichst einfache Gestalt gebracht werden. Für diese Rechnungen empfehlen sich die Substitutionen

$$z_1 = \varkappa_1 R\,, \quad \zeta_1 = i\,\varkappa_1 R\,, \quad \zeta_2 = i\,\varkappa_2 R\,. \tag{53}$$

Mit ihnen folgt aus (49) und (51)

$$c_1 = f_1 \varkappa_1^2 [-\lambda j_1(z_1) + 2\mu j_1''(z_1)] - a_1 \varkappa_1^2 [\lambda k_1(\zeta_1) + 2\mu k_1''(\zeta_1)]$$
$$- b_1 \varkappa_2^2 4\mu \left[\frac{1}{\zeta_2} k_1(\zeta_2)\right]',$$

$$d_1 = f_1 \varkappa_1^2 2\mu \left[\frac{1}{z_1} j_1(z_1)\right]' - a_1 \varkappa_1^2 2\mu \left[\frac{1}{\zeta_1} k_1(\zeta_1)\right]' - b_1 \varkappa_2^2 \mu k_1''(\zeta_2).$$

Es ist daher

$$e = f_1 \varkappa_1^2 \left\{-\lambda j_1(z_1) + 2\mu j_1''(z_1) + 4\mu \left[\frac{1}{z_1} j_1(z_1)\right]'\right\}$$
$$- a_1 \varkappa_1^2 \left\{\lambda k_1(\zeta_1) + 2\mu k_1''(\zeta_1) + 4\mu \left[\frac{1}{\zeta_1} k_1(\zeta_1)\right]'\right\}$$
$$- b \varkappa_2^2 \left\{2\mu k_1''(\zeta_2) + 4\mu \left[\frac{1}{\zeta_2} k_1(\zeta_2)\right]'\right\}.$$

Die Differentialgleichungen (8) und (18) verhelfen zu

$$e = -f_1 \varkappa_1^2 (\lambda + 2\mu) j_1(z_1) - a_1 \varkappa_1^2 (\lambda + 2\mu) k_1(\zeta_1)$$
$$- b_1 \varkappa_2^2 2\mu k_1(\zeta_2).$$

Unter Beachtung von

$$\mu \varkappa_2^2 = (\lambda + 2\mu) \varkappa_1^2 = \varrho \omega^2, \qquad (54)$$

wie man aus (47) mit (23) und (2) herleitet, reduziert sich dieser Ausdruck auf

$$e = -\varrho \omega^2 [f_1 j_1(z_1) + a_1 k_1(\zeta_1) + 2 b_1 k_1(\zeta_2)]. \qquad (55)$$

Es wird nun

$$e = e^\vee + e^\wedge \qquad (56)$$

gesetzt, wobei

$$e^\vee = -\varrho \omega^2 [f_1 j_1(z_1) + a_1^\vee k_1(\zeta_1) + 2 b_1^\vee k_1(\zeta_2)],$$
$$e^\wedge = -\varrho \omega^2 [a_1^\wedge k_1(\zeta_1) + 2 b_1^\vee k_1(\zeta_2)].$$

Wegen (32) ergibt sich

$$e^\vee = -\frac{\varrho \omega^2}{\Delta_1} f_1 [3 \zeta_1 j_1(z_1) k_0(\zeta_1) k_1(\zeta_2) + 3 z_1 j_0(z_1) k_1(\zeta_1) k_1(\zeta_2)$$
$$+ \zeta_1 \zeta_2 j_1(z_1) k_0(\zeta_1) k_0(\zeta_2) + z_1 \zeta_2 j_0(z_1) k_1(\zeta_1) k_0(\zeta_2)].$$

Aus (21) folgt speziell

$$f_1 = \frac{3\,U}{\varkappa_1}.$$

Aufgrund von (7), (17), (19) und (20) gilt also

$$e^{\vee} = \frac{-\varrho\,\omega^2\,3\,U\,R}{\Delta_1\,z_1}[3\,k_1(\zeta_2) + \zeta_2\,k_0(\zeta_2)]\,[\zeta_1 j_1(z_1)\,k_0(\zeta_1) + z_1 j_0(z_1)\,k_1(\zeta_1)]$$

$$= \frac{\varrho\,\omega^2\,3\,U\,R}{\Delta_1\,z_1^2}[3\,k_1(\zeta_2) + \zeta_2\,k_0(\zeta_2)]$$

$$= \frac{\varrho\,\omega^2\,3\,U\,R}{\Delta_1\,z_1^2}\,\zeta_2\,k_2\,(\zeta_2)\,.$$

Für $n = 1$ gehen aus (34) unter Beachtung von (46) die Gleichungen

$$a_1^{\wedge}\,[\zeta_1\,k_1'(\zeta_1) - k_1(\zeta_1)\,] - b_1^{\wedge}\,[\zeta_2\,k_1'(\zeta_2) - k_1(\zeta_2)] = 0\,, \qquad (57)$$

$$a_1^{\wedge}\,k_1\,(\zeta_1) + b_1^{\wedge}\,[\zeta_2\,k_1'(\zeta_2) + k_1(\zeta_2)] = R\,B_1 \qquad (58)$$

hervor. (58) und die Summe der Zeilen (57) und (58) bilden ein Gleichungssystem, dessen Koeffizientenmatrix offensichtlich mit der des Systems (29), (30) übereinstimmt. Das vorliegende Gleichungssystem hat somit die Koeffizientendeterminante Δ_1 in (32). Daher bekommt man wegen (20)

$$a_1^{\wedge} = -\,B_1\frac{R}{\Delta_1}\,\zeta_2\,k_2(\zeta_2)\,, \qquad b_1^{\wedge} = -\,B_1\frac{R}{\Delta_1}\,\zeta_1\,k_2(\zeta_1)\,.$$

Somit wird

$$e^{\wedge} = \varrho\,\omega^2\,B_1\frac{R}{\Delta_1}\,[\zeta_2\,k_2(\zeta_2)\,k_1(\zeta_1) + 2\,\zeta_1\,k_2(\zeta_1)\,k_1(\zeta_2)]\,.$$

Die Aufspaltung (56) bewirkt die Zerlegung

$$\pi_{x_1} = \pi^{\vee} + \pi^{\wedge}$$

mit

$$\pi^{\vee} = e^{i\,\omega\,t}\,\frac{4\,\pi\,R^2}{3}\,e^{\vee} = e^{i\,\omega\,t}\,\frac{4\,\pi\,\varrho\,R^3}{3}\,\omega^2\,U\,\frac{Z^{\vee}}{\Delta_1}$$

und

$$\pi^{\wedge} = e^{i\,\omega\,t}\,\frac{4\,\pi\,R^2}{3}\,e^{\wedge} = e^{i\,\omega\,t}\,\frac{4\,\pi\,\varrho\,R^3}{3}\,\omega^2\,B_1\,\frac{Z^{\wedge}}{\Delta_1}\,. \qquad (59)$$

Darin gilt

$$Z^{\vee} = 3\, z_1^{-2}\, \zeta_2\, k_2(\zeta_2)\,, \tag{60a}$$

$$Z^{\wedge} = 2\, \zeta_1\, k_2(\zeta_1)\, k_1(\zeta_2) + \zeta_2\, k_2(\zeta_2)\, k_1(\zeta_1) \tag{60b}$$

und wegen (32), (19) und (20)

$$\Delta_1 = \zeta_1\, \zeta_2\, k_2(\zeta_1)\, k_2(\zeta_2) - \zeta_2\, k_2(\zeta_2)\, k_1(\zeta_1) - 2\, \zeta_1\, k_2(\zeta_1)\, k_1(\zeta_2)\,. \tag{60c}$$

V. Dynamische Randbedingungen und Lösung des Problems

Die Massen des Gestells bzw. des Gehänges werden mit M bzw. m und die x_1-Koordinaten der auf der x_1-Achse beweglichen Schwerpunkte der beiden starren Bestandteile des mechanischen Empfängers dementsprechend mit x_M und x_m bezeichnet. Es gilt

$$x_M = p(t)$$

und

$$x_m = p(t) + q(t)\,,$$

wobei die Funktion $q(t)$ die Bewegung des Gehänges relativ zum Gestell beschreibt. Unter der Annahme einer am Gehänge angreifenden Rückstellkraft der Form

$$-\varkappa_S\, q\, \mathrm{i}\,, \quad \varkappa_S \ \text{ positiv konstant,}$$

und geschwindigkeitsproportionaler Dämpfung

$$-\lambda_S\, \dot{q}\, \mathrm{i}\,, \quad \lambda_S \ \text{ nichtnegativ konstant,}$$

erhält man für diese Gehängebewegung bekanntlich die Differentialgleichung

$$m\, \ddot{q} + \lambda_S\, \dot{q} + \varkappa_S\, q = -\, m\, \ddot{p}\,.$$

Mit Hilfe der Kreisfrequenz

$$\omega_S = \sqrt{\frac{\varkappa_S}{m}}$$

und der Dämpfungskonstante

$$\alpha_S = \frac{\lambda_S}{2\, m\, \omega_S}$$

folgt daraus

$$\ddot{p} + \ddot{q} + 2\,\alpha_S\,\omega_S\,\dot{q} + \omega_S^2\,q = 0\,. \tag{61}$$

Die auf den mechanischen Empfänger wirkenden äußeren Kräfte werden durch π_{x_1} i repräsentiert, so daß also

$$M\,\ddot{x}_M + m\,\ddot{x}_m = \pi_{x_1}$$

oder auch

$$(M + m)\,\ddot{p} + m\,\ddot{q} = \pi_{x_1} \tag{62}$$

gilt. Nach (44) hat $p(t)$ die Form

$$p(t) = B\,e^{i\omega t} \quad \text{mit} \quad B = B_1\,. \tag{63}$$

Dementsprechend setzt man

$$q(t) = C\,e^{i\omega t}\,. \tag{64}$$

Diese beiden Funktionen beschreiben die erzwungene stationäre Schwingung des mechanischen Empfängers. Zwischen B und C besteht die Relation

$$C = \mathfrak{R}\,B \qquad \text{mit} \qquad \mathfrak{R} = \frac{\omega^2}{\omega_S^2 + 2\,i\,\alpha_S\,\omega_S\,\omega - \omega^2}\,, \tag{65}$$

wie man durch Einsetzen von (63) und (64) in (61) bestätigt. Aus (62) und (59) folgt

$$-\,B\,[M + m\,(1 + \mathfrak{R})] = \frac{4\,\pi\,\varrho\,R^3}{3}\,\frac{U\,Z^{\vee} + B\,Z^{\wedge}}{\Delta_1}$$

Die Werte

$$\varepsilon = \frac{m}{M + m}$$

und

$$\gamma = \frac{M + m}{\frac{4\pi}{3}\,R^3\,\varrho}$$

sind charakteristische Verhältniszahlen. ε gibt das Verhältnis der Masse des Gehänges zu der des mechanischen Empfängers an. Durch γ wird das Verhältnis der Masse des Empfängers zu der des von ihm „verdrängten“ Mediums angezeigt. Damit ergibt sich schließlich

$$B = -\,U\,\frac{Z^{\vee}}{\gamma\,\Delta_1\,(1 + \varepsilon\,\mathfrak{R}) + Z^{\wedge}}\,, \tag{66a}$$

also

$$C = -U\,\mathfrak{R}\,\frac{Z^{\vee}}{\gamma\,\Delta_1\,(1+\varepsilon\,\mathfrak{R}) + Z^{\wedge}}\,.$$

Die Beträge dieser komplexen Größen beschreiben die reellen Amplituden, ihre Argumente stellen die Phasenverschiebungen gegen die Schwingung der Teilchen des Mediums in der x_2, x_3-Ebene bei Abwesenheit des mechanischen Empfängers ($R=0$) dar.

Der Spezialfall des arretierten Gehänges wird formal am einfachsten durch den Grenzübergang $m \to 0$ bei festgehaltenem M berücksichtigt. Daraus folgt notwendig $\varepsilon \to 0$, so daß

$$\tilde{B} = \lim_{\substack{\varepsilon \to 0 \\ M = \text{const}}} B = -U\,\frac{Z^{\vee}}{\gamma\,\Delta_1 + Z^{\wedge}} \tag{67}$$

die komplexe Amplitude der linearen Oszillation einer starren Kugel mit der Masse M unter den betrachteten Verhältnissen ist.

Aufgrund des Ergebnisses

$$A_n = B_n = 0 \quad \text{für} \quad n \neq 1$$

liefert (34) ein homogenes lineares Gleichungssystem für $a_n^{\wedge}$ und $b_n^{\wedge}$, $n \neq 1$. Seine Koeffizientendeterminante verschwindet nicht identisch in R, so daß fast überall

$$a_n^{\wedge} = b_n^{\wedge} = 0 \quad \text{für} \quad n \neq 1$$

zutrifft. Da $a_n^{\wedge}$ und $b_n^{\wedge}$ stetig von R abhängen, gelten diese Gleichungen für alle $R > 0$. Die Koeffizienten $a_1^{\wedge}$ und $b_1^{\wedge}$ sind aus (57) und (58) formal hergeleitet worden und bestimmen sich endgültig durch (67) zu

$$a_1^{\wedge} = \frac{U\,R\,\zeta_2\,k_2(\zeta_2)\,Z^{\vee}}{\Delta_1\,(\gamma\,\Delta_1 + Z^{\wedge})}\,,$$

$$b_1^{\wedge} = \frac{U\,R\,\zeta_1\,k_2(\zeta_1)\,Z^{\vee}}{\Delta_1\,(\gamma\,\Delta_1 + Z^{\wedge})}\,.$$

Die Abweichung $\mathfrak{u}^{\wedge}$ des Feldvektors der Verschiebung $\mathfrak{u}$ von dem bei ruhender Kugel sich ergebenden Feld $\mathfrak{u}^{\vee}$ besteht demnach in den longitudinalen und transversalen Kugelwellen erster Ordnung. $\mathfrak{u}^{\wedge}$ ergänzt $\mathfrak{u}^{\vee}$ wesentlich, wenn wie in [4] die Streuung an kleinen Kugeln betrachtet wird.

Unter Beachtung von (60) gewinnt (66a) die Form

$$\frac{B}{U} = \frac{3\,\zeta_1^{-2}\,\zeta_2\,k_2(\zeta_2)}{[\gamma\,(1+\varepsilon\,\Re)-1]\,\Delta_1 + \zeta_1\,\zeta_2\,k_2(\zeta_1)\,k_2(\zeta_2)}$$

oder explizit mit (17)

$$\frac{B}{U} = \frac{e^{\zeta_1}\left(1+\zeta_1+\frac{1}{3}\zeta_1^2\right)^{-1}}{1+[\gamma\,(1+\varepsilon\,\Re)-1]\left[1-\frac{1}{3}\,\frac{1+\zeta_1}{1+\zeta_1+\frac{1}{3}\zeta_1^2}-\frac{2}{3}\,\frac{1+\zeta_2}{1+\zeta_2+\frac{1}{3}\zeta_2^2}\right]}. \tag{66b}$$

VI. Näherungslösung für Empfänger, deren Durchmesser klein gegen die Wellenlänge sind

Für die Seismologie sind insbesondere die Werte von

$$z_1 = \varkappa_1\,R = \frac{2\,\pi\,R}{L_1}$$

interessant, die wesentlich kleiner als eins sind. Durch Reihenentwicklung von (66) nach z_1 gelangt man zu einer übersichtlichen Näherungsformel. Hierzu verhelfen die Potenzreihen

$$\left(1+\zeta+\frac{1}{3}\zeta^2\right)^{-1} = 1-\zeta+\frac{2}{3}\zeta^2-\frac{1}{3}\zeta^3+\cdots,$$

$$e^{\zeta}\left(1+\zeta+\frac{1}{3}\zeta^2\right)^{-1} = 1+\frac{1}{6}\zeta^2+0\cdot\zeta^3+\cdots,$$

$$(1+\zeta)\left(1+\zeta+\frac{1}{3}\zeta^2\right)^{-1} = 1-\frac{1}{3}\zeta^2+\frac{1}{3}\zeta^3+\cdots$$

und

$$\left\{1+[\gamma\,(1+\varepsilon\,\Re)-1]\left[1-\frac{1}{3}\,\frac{1+\zeta_1}{1+\zeta_1+\frac{1}{3}\zeta_1^2}-\frac{2}{3}\,\frac{1+\zeta_2}{1+\zeta_2+\frac{1}{3}\zeta_2^2}\right]\right\}^{-1}$$

$$= 1-\frac{1}{9}\,[\gamma\,(1+\varepsilon\,\Re)-1]\,[(\zeta_1^2+2\,\zeta_2^2)-(\zeta_1^3+2\,\zeta_2^3)]+\cdots,$$

so daß schließlich für hinreichend kleine $\varkappa_1 R$ die Entwicklung

$$\beta = \frac{B}{U} = 1 + \frac{1}{6}\zeta_1^2 - \frac{1}{9}[\gamma(1 + \varepsilon\,\mathfrak{R}) - 1]$$

$$\times [(\zeta_1^2 + 2\,\zeta_2^2) - (\zeta_1^3 + 2\,\zeta_2^3)] + \cdots$$

gilt. In der Zerlegung

$$\mathfrak{R} = \mathfrak{R}' + i\,\mathfrak{R}''$$

ist

$$\mathfrak{R}' = \frac{\omega^2\,(\omega_S^2 - \omega^2)}{(\omega_S^2 - \omega^2)^2 + 4\,\alpha_S^2\,\omega_S^2\,\omega^2}$$

der Realteil und

$$\mathfrak{R}'' = \frac{-\,2\,\alpha_S\,\omega_S\,\omega^3}{(\omega_S^2 - {}^2\omega)^2 + 4\,\alpha_S^2\,\omega_S^2\,\omega^2}$$

der Imaginärteil von $\mathfrak{R}$ in (65). β' und β'' seien der Realteil und der Imaginärteil von β;

$$\beta = \beta' + i\,\beta''\,.$$

Beachtet man die Substitutionen (53), so wird

$$\beta' = 1 - \frac{1}{6}\,z_1^2 + \frac{1}{9}[\gamma\,(1 + \varepsilon\,\mathfrak{R}') - 1]\left(1 + 2\,\frac{\varkappa_2^2}{\varkappa_1^2}\right)z_1^2$$

$$+ \frac{\varepsilon\,\gamma}{9}\,\mathfrak{R}''\left(1 + 2\,\frac{\varkappa_2^3}{\varkappa_1^3}\right)z_1^3 + \ldots,$$

$$\beta'' = \frac{\varepsilon\,\gamma}{9}\,\mathfrak{R}''\left(1 + 2\,\frac{\varkappa_2^2}{\varkappa_1^2}\right)z_1^2 - \frac{1}{9}[\gamma\,(1+\varepsilon\,\mathfrak{R}')-1]\left(1+2\,\frac{\varkappa_2^3}{\varkappa_1^3}\right)z_1^3 + \cdots$$

Für den Betrag und das Argument von β ergeben sich die Darstellungen

$$|\beta| = \beta' + o(z_1^3)$$

und

$$\arg\beta = \operatorname{arc\,tan}\frac{\beta''}{\beta'} = \beta'' + o(z_1^3)\,.$$

Die letzte Formel besagt, daß die Phasenverschiebung $\arg B = \arg\beta$ der Gestellbewegung gegen die ungestörte Teilchenbewegung in der x_2, x_3-Ebene näherungsweise zu

$$\gamma\,\varepsilon = \frac{m}{\frac{4\,\pi}{3}\,R^3\,\varrho},$$

z_1^2 und $\mathfrak{R}''$ proportional ist. $\mathfrak{R}''$ wiederum läßt sich als Produkt von $|\mathfrak{R}|$ und $\sin\chi$, dem Sinus der Phasenverschiebung zwischen Gestell- und Gehängebewegung schreiben;

$$\mathfrak{R}'' = |\mathfrak{R}|\sin\chi\,.$$

Der Betrag von β unterscheidet sich wenig von eins. Die Abweichung ist angenähert proportional zu z_1^2 und einem Faktor, der von γ, $\gamma\,\varepsilon$ und

$$\mathfrak{R}' = |\mathfrak{R}|\cos\chi$$

abhängt. Es gilt angenähert

$$|\beta| \gtrless 1 \sim \gamma\left(1 + 2\frac{\varkappa_2^2}{\varkappa_1^2}\right)(1 + \varepsilon\,\mathfrak{R}') \gtrless \frac{5}{2} + 2\frac{\varkappa_2^2}{\varkappa_1^2}\,.$$

$|B|$ kann demnach auch größer als U sein.

Zur weiteren Verdeutlichung soll $\lambda = \mu$, also wegen (54)

$$\frac{\alpha_1}{\alpha_2} = \frac{\varkappa_2}{\varkappa_1} = \sqrt{3} \qquad (68)$$

angenommen werden. Das Gehänge sei arretiert, was durch $m = 0$ ausgedrückt werden kann. Dann ist

$$|\beta| \gtrless 1 \sim \gamma \gtrless \frac{17}{14}\,.$$

Die Bewegung einer sehr kleinen starren Kugel stimmt also genau dann mit der Wellenbewegung überein, wenn ihre Masse um $\frac{3}{14}$ größer ist als die Masse des von ihr verdrängten Mediums.

VII. Graphische Darstellung und Interpretation der Resonanzerscheinungen

In den Ausdruck (66) für die komplexe Amplitude B der stationären Schwingung des Gestells gehen mehrere Parameter ein, deren Einfluß auf B nicht ohne weiteres zu überblicken ist. Daher empfiehlt es sich, (66) graphisch darzustellen. Zur Untersuchung der Resonanzerscheinung wird das Verhältnis

$$w = \frac{\omega_S}{\omega}$$

als unabhängige Variable angesehen. Die Darstellung der komplexen Größe β durch ihren Betrag $|\beta|$ und ihr Argument $\arg \beta$ gestattet, das Frequenzverhältnis w als Abszisse in kartesischen Koordinatensystemen aufzufassen. Dadurch wird die physikalische Bedeutung von w hervorgehoben. Im Intervall $1 < w < \infty$ ersetzt man zweckmäßigerweise w durch

$$w^{-1} = \frac{\omega}{\omega_S}.$$

Die w^{-1}-Achse wird symmetrisch zum gemeinsamen Einheitspunkt gewählt.

Der Gegensatz zwischen einem üblich gedämpften Seismographen und einem nahezu ungedämpften drückt sich durch die Werte

$$\alpha = 0{,}5 \quad \text{und} \quad \alpha = 0{,}05$$

aus. α steht hier und weiterhin für α_S. Das Verhältnis der Seismographenmasse zu der des verdrängten Mediums nimmt in den Diagrammen die Werte

$$\gamma = 10\ ;\quad 1\ ;\quad 0{,}1$$

an. Die Zahlen

$$\varepsilon = 0{,}5\ ;\quad 0{,}05$$

beschreiben die Fälle

$$\frac{M}{m} = 1\ ;\quad 19\,.$$

Die Tabelle dient zur Numerierung der Tripel (α, γ, ε) und der zugehörigen Abbildungen (s. Anhang). Die Buchstaben a und b bezeichnen die Abbildungen des Betrages $|\beta|$ bzw. des Argumentes $\arg \beta$.

Tabelle

α		0,5			0,05		
ε	γ	10	1	0,1	10	1	0,1
0,5		2	3	4	8	9	10
0,05		5	6	7	11	12	13

Den Diagrammen liegt die Annahme (68) zugrunde. Der Scharparameter

$$d = \frac{2R}{L_1} = \frac{1}{\pi} z_1$$

ist der auf die Wellenlänge L_1 bezogene Durchmesser des Gestells und erhält die Werte

$$d = 1\ ;\quad 0{,}6\ ;\quad 0{,}2\ ;\quad 0{,}1\ .$$

Die Diagramme lassen erkennen, daß $|\beta|$ und arg β und damit β selbst stark von w abhängen, wenn $d \geqq 0{,}1$. Für $d = 0{,}01$ hingegen würden die Kurven wenig von den Geraden $|\beta| = 1$ bzw. arg $\beta = 0$ abweichen. Für alle betrachteten Tripel $(\alpha, \gamma, \varepsilon)$ verschwindet praktisch die Differenz $||\beta| - 1|$, wenn $d \leqq 0{,}001$. Über das Verhalten eines (relativ zu L_1) sehr kleinen mechanischen Empfängers geben die Näherungsformeln des vorigen Abschnittes hinreichende Auskunft.

Um die relativen Durchmesser d hinsichtlich ihres Einflusses auf β eingehender zu diskutieren, wird die Kurvenschar jeder Abbildung durch eine Punktfolge mit w = const repräsentiert. Das ist besonders dann sinnvoll, wenn die Schwankung der Kurven nur gering ist. Doch verhilft dieses Vorgehen bei günstiger Wahl der Punkte in jedem Falle zu einer vertieften Einsicht in die Abhängigkeit der Größe β von γ, ε und d.

Zunächst wird die komplexe Größe

$$\beta = \frac{-\check{Z}}{\gamma^* \Delta_1 + \hat{Z}}, \qquad \gamma^* = \gamma\,(1 + \varepsilon\,\Re)\,,$$

im speziellen Falle $\gamma^* \geqq 0$ in der Abb. 14 graphisch dargestellt, indem man etwa zu konstantem γ^* eine Kurve in der β-Ebene zeichnet, längs der d variiert. Der Kurvenparameter d verbleibt in der Figur im Intervall $0 \leq d \leq 1$. Die d-Werte sind teilweise angeschrieben. Für die markierten Punkte ist die Parameterdifferenz 10^{-1} maßgebend. Die (nicht eingezeichneten) Bildkurven zum Intervall $1 < d < \infty$ kommen dem Nullpunkt spiralenartig beliebig nahe. Für den Scharparameter wurden vier Werte ausgewählt:

$$\gamma^* = 0 \; ; \quad 0{,}5 \; ; \quad 1 \; ; \quad 2 \, .$$

Als Repräsentant einer Kurve $d = \text{const}$ in einer der Abb. 2 bis 13 empfiehlt sich der äußere rechte Punkt mit

$$w^{-1} = 0 \sim w = \infty \, .$$

Man findet dann aus (65) unabhängig von α

$$\Re = 0 \, ,$$

also unabhängig von ε

$$\gamma^*(\infty) = \gamma = \frac{M + m}{\frac{4\pi}{3} R^3 \varrho} \geqq 0 \, .$$

Daher ist die Variation der ausgewählten Punktfolge in den Abb. 2 bis 13 an Hand der Abb. 14 zu überblicken. Solche Punktfolgen unterscheiden sich nur durch den Parameter γ, nicht aber bezüglich ε und α.

Die Abb. 14 beschreibt offensichtlich den speziellen Fall (67), also $\varepsilon = 0$. Ihr entspricht eine Schar von Kurven in [3], die das in der Einleitung erwähnte Problem der Bewegung eines starren Zylinders auf dem Halbraum verdeutlichen (Abb. 15).

Der Gesamtmasse $M + m$ entspricht in [3] die Masse m_0 des Zylinders. Daher besteht zwischen γ und dem analogen Parameter b in [3] die Beziehung

$$b = \gamma \, \frac{4\pi}{3} \left(\frac{R}{r_0}\right)^3 ,$$

worin r_0 den Radius des Zylindergrundkreises bezeichnet. Zum Vergleich des Verhaltens eines auf dem Halbraum stehenden

Zylinders und einer im Vollraum eingebetteten Kugel wird vorausgesetzt, daß diese Medien gleiche Dichte und übereinstimmende LAMÉsche Konstanten haben.

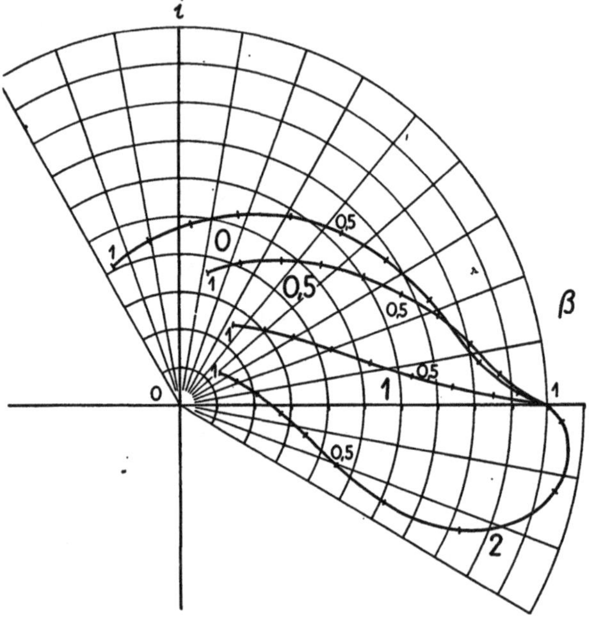

Abb. 14. Ebene des komplexen Amplitudenverhältnisses β der Amplitude der Kugelschwingung zur Amplitude der gegebenen Welle mit Kurven, für die das Verhältnis der Kugelmasse zur Masse des verdrängten Mediums konstant ist. Der Kurvenparameter ist das Verhältnis des Kugeldurchmessers zur Wellenlänge der gegebenen longitudinalen Welle.

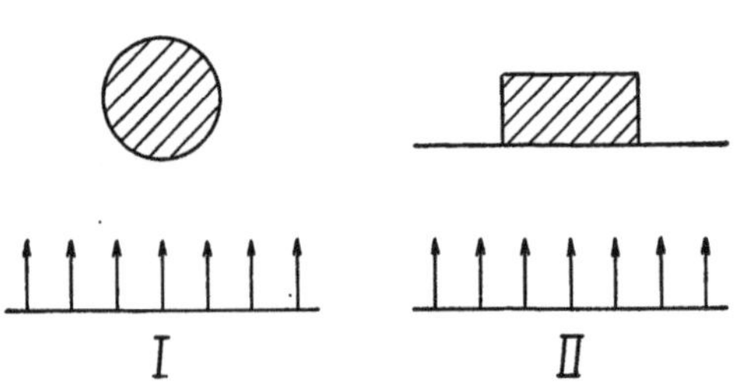

Abb. 15. Longitudinale harmonische Planwelle und I: starre Kugel im Vollraum; II: starrer Zylinder auf dem Halbraum.

Während die Kugel mit ihrer gesamten Oberfläche das Medium berührt, steht der Zylinder nur mit seiner Grundfläche mit dem Medium in Kontakt. Die Forderung

$$4 \pi R^2 = \pi r_0^2$$

bedeutet Gleichheit der Kontaktflächen und führt auf

$$\frac{R}{r_0} = \frac{1}{2}.$$

Daher lautet die Umrechnung des Parameters a_0 in [3] auf den in Abb. 14 benutzten Kurvenparameter d wegen (2)

$$a_0 = \left(\frac{\varrho}{\mu}\right)^{1/2} \omega r_0 = \frac{\alpha_1}{\alpha_2} \frac{\omega}{\alpha_1} r_0 = \frac{\alpha_1}{\alpha_2} \frac{2\pi}{L_1} 2 R = \frac{\alpha_1}{\alpha_2} 2 \pi d$$

und speziell mit (68)

$$a_0 = 2 \pi \sqrt{3} d,$$

während sich

$$b = \gamma \frac{\pi}{6}$$

ergibt.

Zum Vergleich von (67) mit [3] dient die Abb. 16. In ihr ist

$$\gamma = 7{,}639 \ldots \sim b = 4$$

angenommen worden. Die Kurve I gilt für die eingebettete Kugel und II für den Zylinder auf dem Halbraum. Die komplexe Zahl $\beta - 1$ beschreibt die Abweichung der „tatsächlichen" (stationären) Bewegung des Körpers von der Teilchenbewegung in der x_2, x_3-Ebene bzw. der Grundkreisebene des Zylinders. Als Maß für die „Störung" bietet sich der Abstand $|\beta - 1|$ eines betrachteten Kurvenpunktes vom Punkt Eins an. Dieser Abstand ist im Intervall $1{,}2 \leqq a_0 \leqq 1{,}5$ längs I offenbar größer als für die Vergleichspunkte auf II. Im Intervall $a_0 \leqq 1{,}1$ hingegen ist $|\beta - 1|$ längs I kleiner als für zugeordnete Punkte auf II. Die Bewegung einer kleinen eingebetteten Kugel weicht also weniger von der ungestörten Partikelbewegung ab als die Bewegung des Vergleichszylinders.

Die Forderung nach Gleichheit der Kontaktflächen legt die Abmessungen des Zylinders nicht eindeutig fest. Verlangt man zusätzlich die Gleichheit der Rauminhalte (oder der Dichten), so errechnet man

$$h = \frac{4}{3}\left(\frac{R}{r_0}\right)^2 R = \frac{1}{6}\, r_0$$

als Höhe des offensichtlich sehr flachen Vergleichszylinders.

In Abb. 14 verlaufen die Kurven mit $\gamma^* \leqq 1$ ganz im Bereich $|\beta| < 1$, wenn $d > 0$. Für $\gamma^* \geqq 2$ hingegen existiert ein endli-

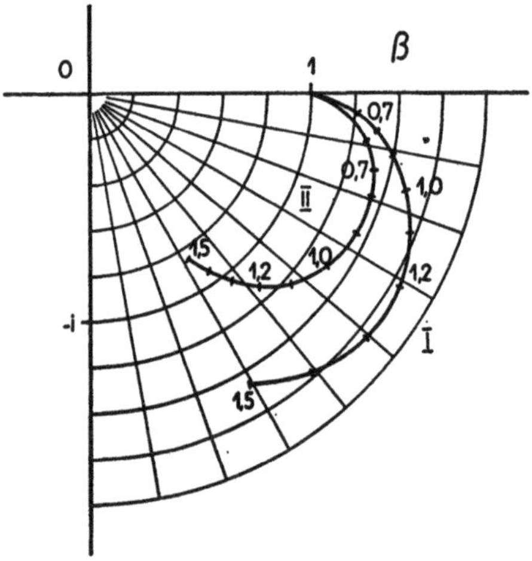

Abb. 16. Zum Vergleich der harmonischen Schwingungen einer starren Kugel im Vollraum (I) und eines starren Zylinders auf dem Halbraum (II) unter dem Einfluß einer harmonischen longitudinalen Planwelle. Die Massen der beiden Körper und die Berührungsflächen mit dem angrenzenden Medium sind gleich. Der Kurvenparameter ist $2\pi d\sqrt{3}$, wobei d das Verhältnis des Kugeldurchmessers und zugleich des Radius des Zylindergrundkreises zur Wellenlänge der gegebenen Welle ist.

ches Intervall $0 < d < d_{\gamma^*}$, so daß $|\beta| > 1$. Die Gestellbewegung tritt dann stärker hervor als die Bewegung der Partikel bei Abwesenheit des Empfängers. Das zeigt sich schon bei der Diskussion sehr kleiner Werte d im vorigen Abschnitt. Die Entscheidung, ob eine Kurve $\gamma^* = \text{const}$ in den Bereich $|\beta| > 1$ eintritt, fällt offenbar bei $\beta = 1$, also für $d \to 0$. Aufgrund des früheren diesbezüglichen Ergebnisses gilt daher allgemein für

$$\gamma^* \geqq 0:\ |\beta| > 1 \sim \gamma^* > \frac{\frac{5}{2}\varkappa_1^2 + 2\,\varkappa_2^2}{\varkappa_1^2 + 2\,\varkappa_2^2}\ \&\ 0 < d < d_{\gamma^*}.$$

Mit $\gamma^* = \gamma$ überträgt sich dieses unmittelbar auf

$$\varepsilon = 0 \quad \vee \quad w = \infty .$$

Die Abb. 14 gestattet keine unmittelbare Anwendung auf den allgemeinen Fall

$$\varepsilon > 0\ \&\ w < \infty ,$$

für den $\gamma^*(w;\alpha,\varepsilon)$ als komplex zu erwarten ist. Eine Ausnahme bildet $w = 0$, wodurch $\omega_S : \omega \ll 1$ ideal berücksichtigt wird. Dann ist

$$\Re = -1$$

und

$$\gamma^*(0;\alpha,\varepsilon) = \gamma\,(1-\varepsilon) = \frac{M}{\frac{4\pi}{3} R^3 \varrho}$$

nichtnegativ reell.

Die Beziehung

$$\frac{\gamma^*(0;\alpha,\varepsilon)}{\gamma^*(\infty\,\alpha,\varepsilon)} = 1 - \varepsilon = \frac{M}{M+m}$$

zeigt, daß die beiden Kurven $\gamma^* = \gamma^*(0;\alpha,\varepsilon)$ und $\gamma^* = \gamma^*(\infty;\alpha,\varepsilon)$ um so näher beieinander verlaufen, je kleiner der Anteil ε des Gehänges an der Gesamtmasse ist. Im gleichen Maße unterscheiden sich dann auch $|\beta|$ sowie $\arg\beta$ im linken und rechten äußeren Punkt einer Kurve $d = \text{const}$ in den Abb. 2 bis 13. Die Ordinaten dieser Randpunkte sind offenbar von γ unabhängig. In den Abb. $2 \leqq h \leqq 7$ und $h' = h + 6$, die sich nur hinsichtlich der Dämpfung unterscheiden, stimmen somit die Randpunkte überein. Im Inneren der w-Skala können jedoch zwei entsprechende Kurven $d = \text{const}$ bei gleichem γ und ε stark voneinander abweichen, insbesondere wenn $w \approx 1$, d. h. $\omega \approx \omega_S$, und d nicht sehr klein ist. Im Falle sehr geringer

Dämpfung $\gamma = 0{,}05$ ist die Schwankung von β etwa im Intervall $0{,}9 \leqq w \leqq 1{,}1$ wesentlich größer als im Vergleichsfalle $\alpha = 0{,}5$.

Es werde nun die Dämpfung α und das Verhältnis ε der Gehänge- zur Seismographenmasse fixiert. In den zugehörigen drei Betragskurven mit $d = 0{,}1$ nimmt die Schwankung im Bereich $0 \leqq w \leqq \infty$ zugleich mit dem spezifischen Seismographengewicht γ ab. Diese Tendenz ist jedoch für größere relative Gestelldurchmesser d, z. B. für $d = 0{,}6$, nur unterhalb eines von d abhängigen γ zu beobachten. Das gilt ganz allgemein, auch in den scheinbar widersprechenden Beispielen, bei denen zur Demonstration hinreichend große γ heranzuziehen sind. Der Sachverhalt ergibt sich aus (66) durch den Grenzübergang $\gamma \to \infty$ bei festem α, ε und d oder z_1, wobei β für alle w (gleichmäßig) gegen Null konvergiert, so daß auch die Schwankung verschwindet.

Zusammenfassung

In einem homogenen isotropen elastischen Vollraum breitet sich eine harmonische longitudinale Planwelle aus. Sie erfaßt einen in das Medium eingebetteten mechanischen Empfänger eines Seismographen, der auf das Medium zurückwirkt. Die vorliegende Arbeit vergleicht die stationäre Bewegung des Empfängers mit der Bodenbewegung bei dessen Abwesenheit.

Das Gestell des Empfängers wird durch eine homogene Kugelschale repräsentiert. Das Gehänge führt lineartranslatorische Bewegungen parallel zur Wellennormale der Planwelle aus. Auf das Gehänge wirkt eine Rückstellkraft proportional zu seiner Auslenkung und eine Dämpfungskraft proportional zur Geschwindigkeit der Auslenkung.

Die mathematische Behandlung beruht auf der linearen Elastizitätstheorie. Die Potentiale der gegebenen Planwelle und der Sekundärwellen werden nach Kugelfunktionen entwickelt. Die additive Aufspaltung der Streuwelle in eine Verschiebung $\mathfrak{u}^{\vee}$, die bei festgehaltenem Gestell allein existieren würde, und in den Rest $\mathfrak{u}^{\wedge}$ gestattet eine einfache Formulierung der Randbedingungen. Die kinematischen Bedingungen legen die unbestimmte Koeffizienten in der Entwicklung für $\mathfrak{u}^{\vee}$ fest und erweisen $\mathfrak{u}^{\wedge}$ als einen Pol erster Ordnung. Zu dessen vollständiger Bestimmung führt die Forderung des dynamischen Gleichgewichts zwischen dem mechanischen Empfänger und dem Medium. Sie drückt sich mathematisch durch die Bewegungsgleichungen des aus dem Gestell und dem Gehänge gebildeten mechanischen Systems aus. Dabei rührt die formal angesetzte äußere Kraft vom Mechanismus des schwingenden Mediums her. In ihr wirken von $\mathfrak{u}^{\vee}$ wie von $\mathfrak{u}^{\wedge}$ nur die Kugelwellenanteile erster Ordnung.

In die Formel für die komplexe Amplitude der Gestellbewegung in bezug auf die Amplitude der vorgegebenen harmonischen Planwelle gehen folgende Parameter ein: Die Dämpfung α des mechanischen Empfängers, das Verhältnis w seiner Eigenfrequenz zur Frequenz der Welle, sein an der Wellenlänge gemessener Durchmesser d, seine Masse γ im Vergleich zur Masse des verdrängten Mediums und der Anteil ε des Gehänges an der Gesamtmasse. $\varepsilon = 0$ charakterisiert einen Mechanismus mit arretiertem Gehänge, oder eine starre homogene Kugel.

Die allgemeine Formel wird für relativ kleine mechanische Empfänger nach Potenzen von d entwickelt. Dabei zeigt sich bereits die Möglichkeit, daß die Amplitude der Gestellbewegung die der Welle übertrifft. Diese Erscheinung findet man in den beigefügten Abbildungen auch für größere Werte von d bestätigt. Die Abb. 2—13 stellen den Betrag der Amplitude sowie die Phasenverschiebung zwischen der Gestellbewegung und der Bewegung gewisser Bodenteilchen bei Abwesenheit des Empfängers dar. Sie verdeutlichen für verschiedene Werte von α, γ, ε und d die Abhängigkeit dieser Größen vom Frequenzverhältnis w. Die Abb. 14 vermittelt einen Überblick über den Spezialfall der starren Kugel und vertieft den Einblick in das allgemeine Problem. Die Abb. 16 vergleicht die für $\varepsilon = 0$ gewonnenen Ergebnisse mit dem Verhalten eines starren Zylinders auf einem gleichartigen Halbraum; der Zylinder dient als Modell eines Seismographen ohne Berücksichtigung der Rückwirkung des Gehänges auf das Gestell. Unter den gestellten Bedingungen stimmen die vergleichbaren Effekte in ihrer Größenordnung überein.

Bemerkung

Herrn Prof. Dr. phil. habil. H. Martin, der während der Entstehung der Arbeit Direktor unseres Instituts war, möchte ich für sein förderliches Interesse danken. Desgleichen bin ich den Herren Professoren Dr. phil. O. Meisser und Dr. rer. nat. habil. F. Rühs für wertvolle Hinweise zu Dank verpflichtet. Die Anregung zur vorliegenden Untersuchung und viele fruchtbare Diskussionen verdanke ich Herrn Dr. rer. nat. W. Ullmann. Schließlich danke ich den beteiligten Kolleginnen für ihre technische Mitarbeit.

Literaturverzeichnis

[1] Bycroft, G. N.: The magnification caused by partial resonance of the foundation of a ground vibration detector. Transactions, American Geophysical Union, **38** (1957) 6, S. 928–930.

[2] Gassmann, F.: Über Herde elastischer Wellen in isotropen, homogenen Medien. Geofisica pura e applicata, Milano, **40** (1958/II), S. 55–77.

[3] Heidrich, W. und Just, H.: Die Rückwirkung von Schwingungsmeßgeräten auf das Meßergebnis in der Bodendynamik. Freiberger Forschungshefte, C 81, S. 33–43, Akademie-Verlag, Berlin 1959.

[4] Knopoff, L.: Scattering of compression waves by spherical obstacles. Geophysics, Tulsa, **24** (1959) 1, S. 30–39.

[5] Lense, J.: Kugelfunktionen. Geest & Portig, Leipzig 1950.

[6] Pasečnik, I. P.: Rezultaty eksperimental'nogo izučenija resonansnych javlenij v kolebatelnoj sisteme počva-sejsmograf (Ergebnisse der experimentellen Untersuchung der Resonanzerscheinungen im System Boden-Seismograph). Izv. Akad. nauk SSSR, Ser. geof., Moskva (1952) 3, S. 34–57.

[7] Rosemann, H.: Der Einfluß der Ankopplung des Seismometers an den Untergrund auf die Energieübertragung. Freiberger Forschungshefte, C 64, Akademie-Verlag, Berlin 1959.
[8] Ryshik, I. M. und Gradstein, I. S.: Summen-, Produkt- und Integral-Tafeln. VEB Deutscher Verlag der Wissenschaften, Berlin 1957.
[9] Ying, C. F. und Truell, R.: Scattering of a plane longitudinal wave by a spherical obstacle in an isotropically elastic solid. Jour. Appl. Physics, New York, 27 (1956) 9, S. 1086–1097.

Anhang

Abb. 2—13

Erläuterung der Abbildungen

$\lvert\beta\rvert$	Betrag des Verhältnisses zwischen der Amplitude der Gestellbewegung und der Wellenamplitude bei Abwesenheit des Empfängers
$\arg\beta$	Phasendifferenz zwischen der Gestellbewegung und der Partikelbewegung im Koordinatenursprung bei Abwesenheit des Empfängers
$w = \frac{\omega_s}{\omega}$	Verhältnis der Eigenfrequenz ω_S des mechanichen Empfängers zur Frequenz ω der gegebenen Welle
α	Dämpfungskonstante des mechanischen Empfängers
γ	Verhältnis der Empfängermasse zur verdrängten Mediummasse
ε	Verhältnis der Gehängemasse zur gesamten Empfängermasse

Der Kurvenparameter ist das Verhältnis d des Gestelldurchmessers zur Wellenlänge der gegebenen longitudinalen harmonischen Planwelle: $d = 1;\ 0{,}6;\ 0{,}2;\ 0{,}1$.

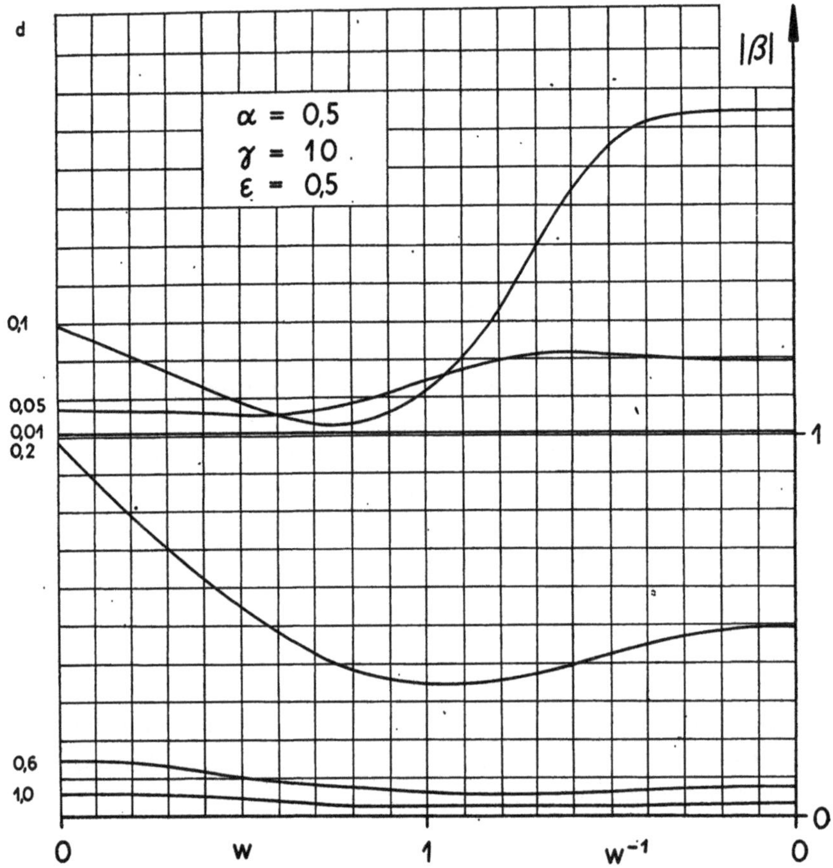

Abb. 2a

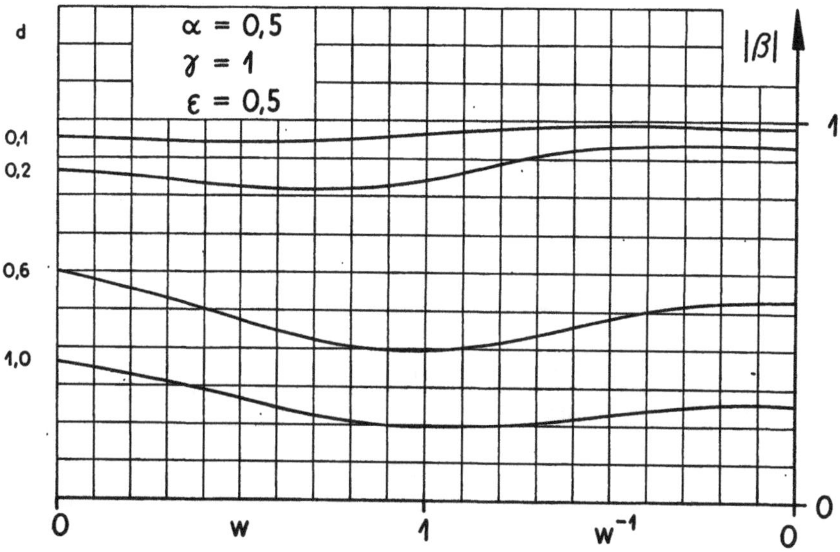
d
α = 0,5
γ = 1
ε = 0,5
|β|
0,1
0,2
0,6
1,0
1
0
0
w
1
w⁻¹
0

Abb. 3a

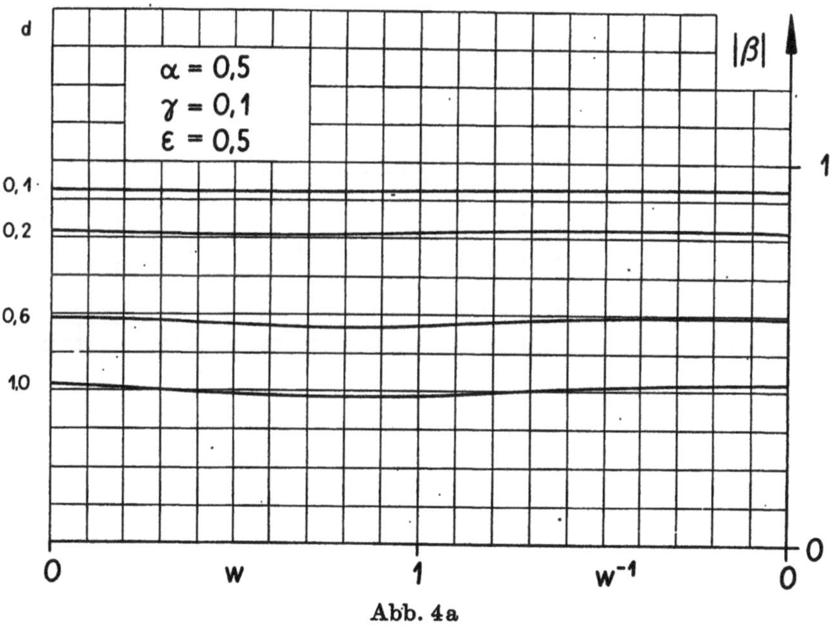
d
α = 0,5
γ = 0,1
ε = 0,5
|β|
0,1
0,2
0,6
1,0
1
0
0
w
1
w⁻¹
0

Abb. 4a

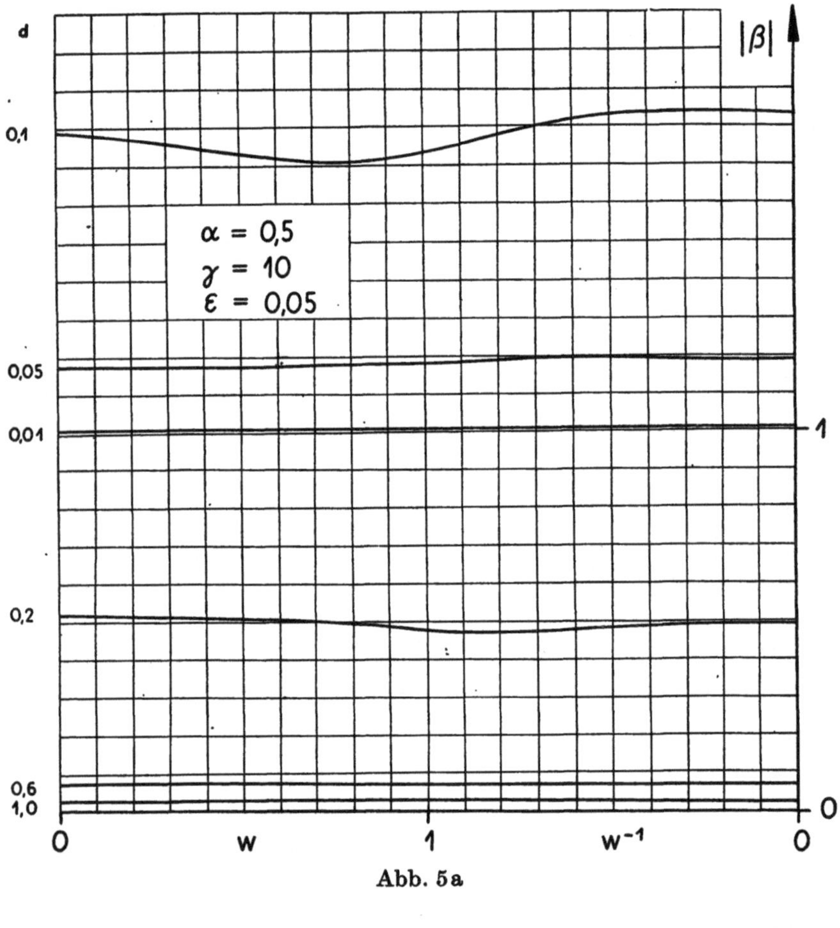
d
0,1
0,05
0,01
0,2
0,6
1,0
$\alpha = 0{,}5$
$\gamma = 10$
$\varepsilon = 0{,}05$
$|\beta|$
1
0
0
w
1
w^{-1}
0

Abb. 5a

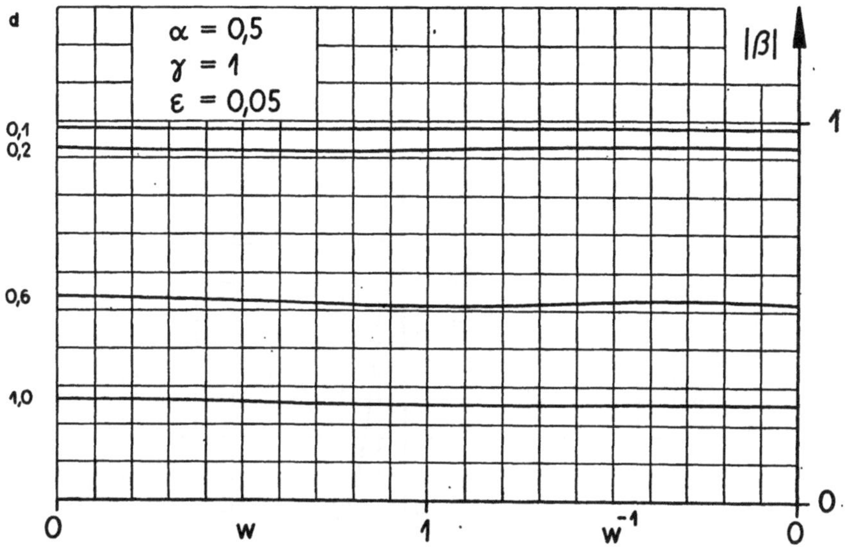
d
α = 0,5
γ = 1
ε = 0,05
|β|
1
0
0,1
0,2
0,6
1,0
0
w
1
w⁻¹
0

Abb. 6a

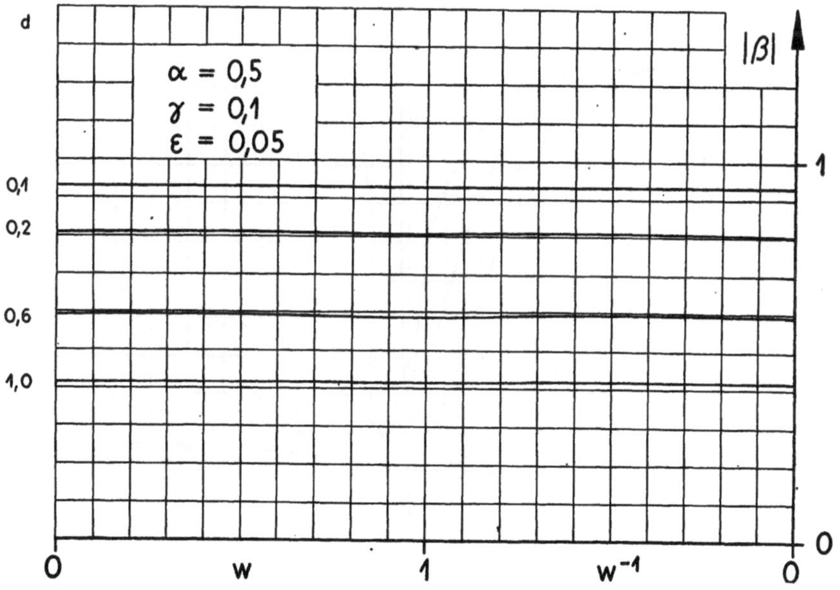
d
α = 0,5
γ = 0,1
ε = 0,05
|β|
1
0
0,1
0,2
0,6
1,0
0
w
1
w⁻¹
0

Abb. 7a

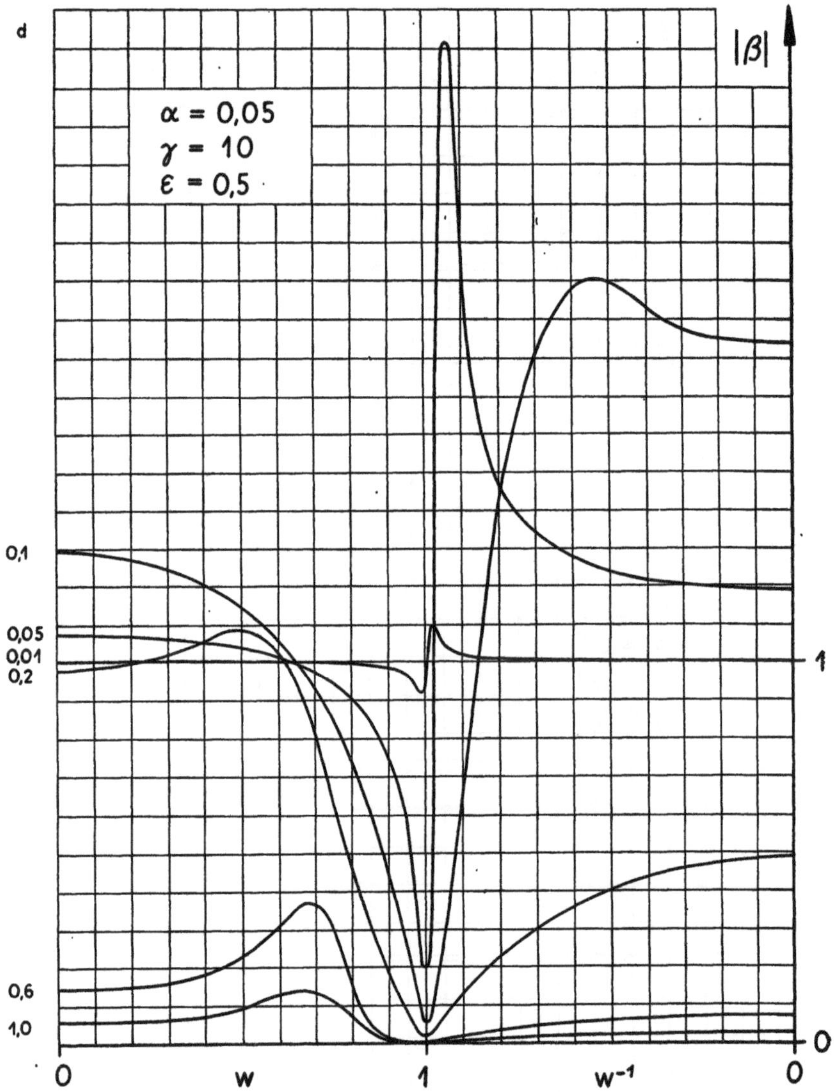

Abb. 8a

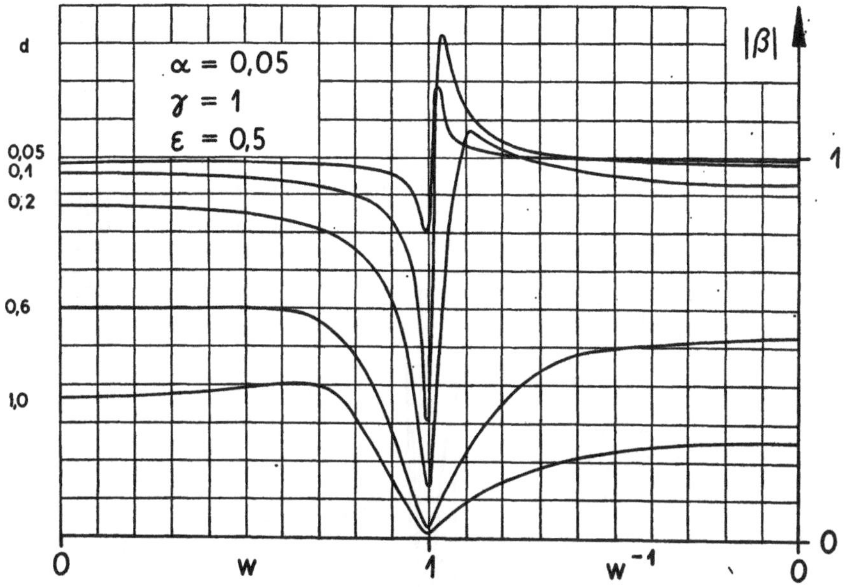

Abb. 9a

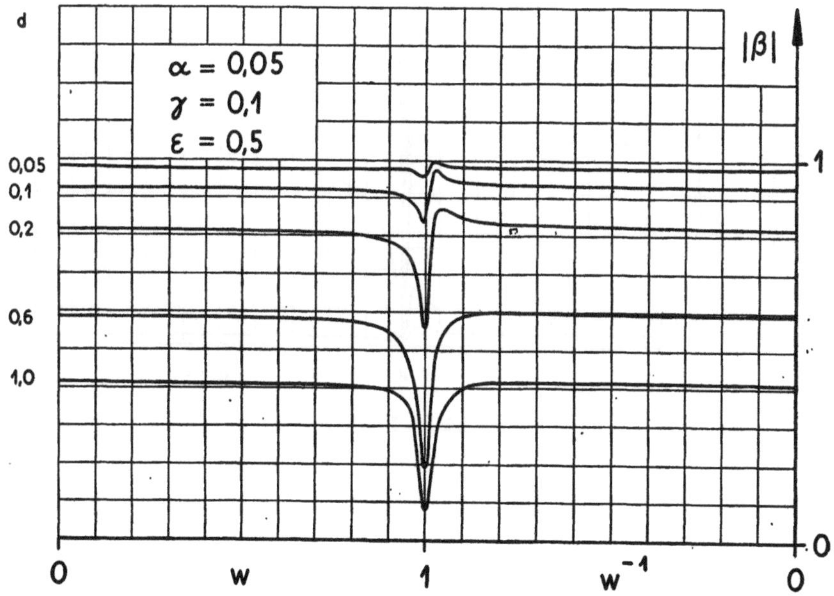

Abb. 10a

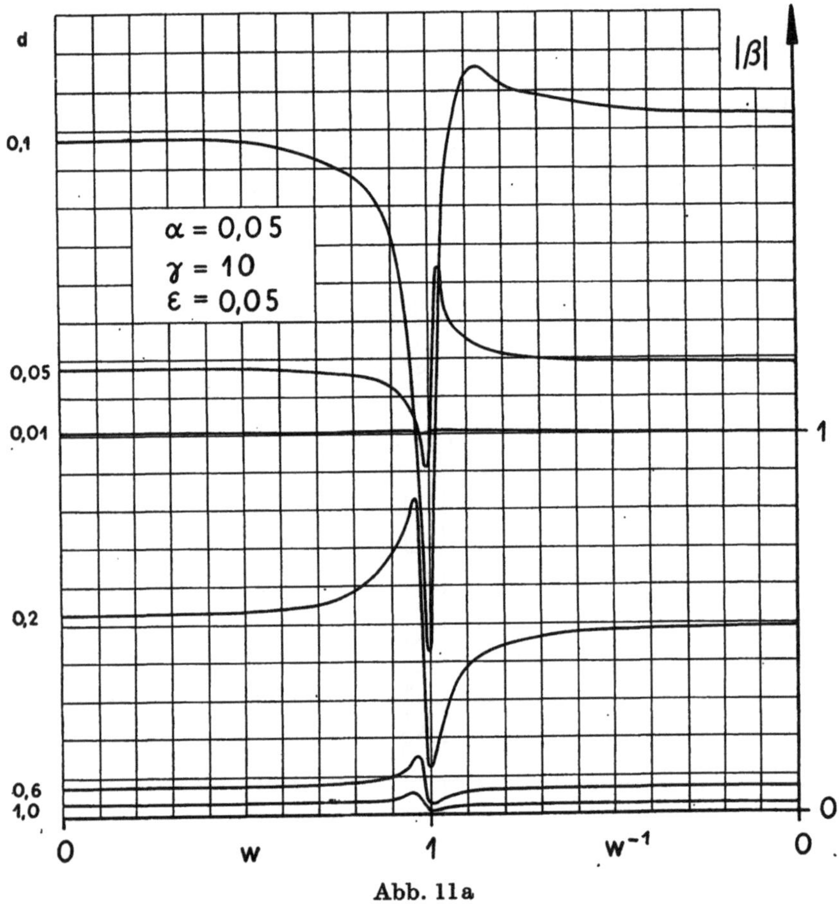
d
0,1
0,05
0,01
0,2
0,6
1,0
|β|
1
0
$\alpha = 0{,}05$
$\gamma = 10$
$\varepsilon = 0{,}05$
0
w
1
w^{-1}
0

Abb. 11a

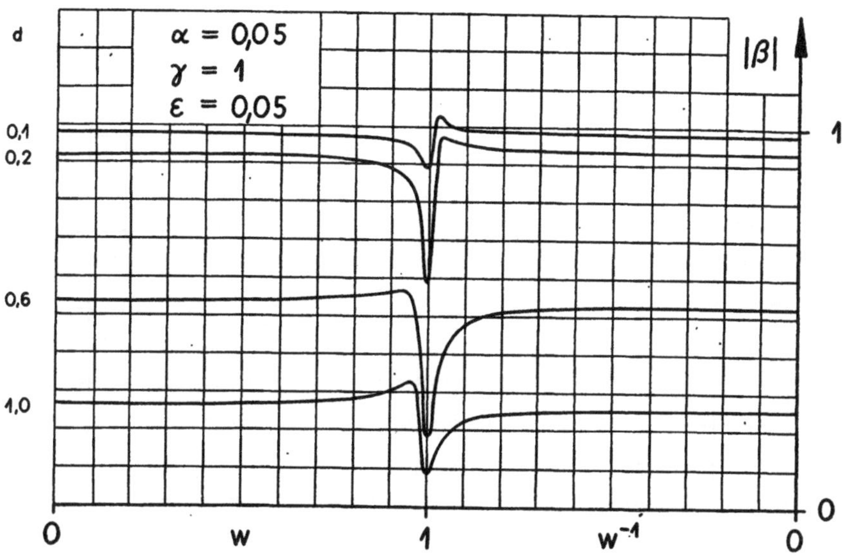

Abb. 12a

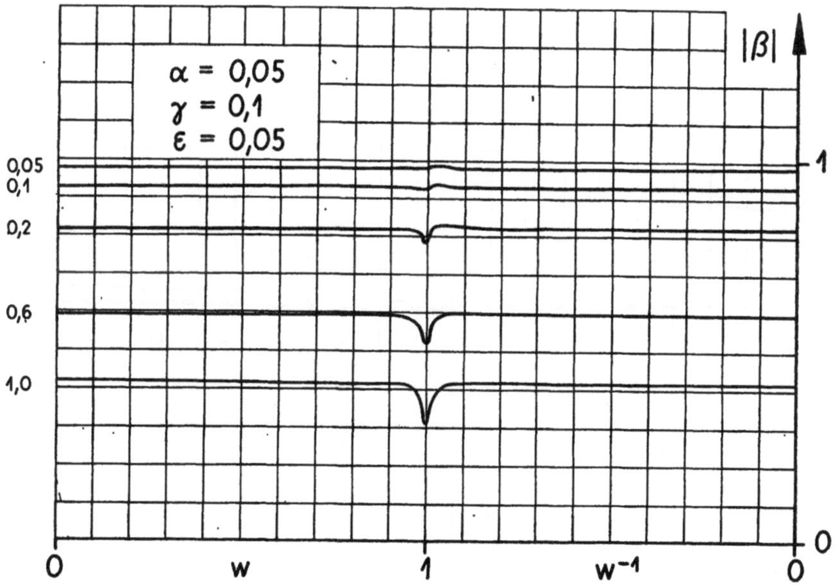

Abb. 13a

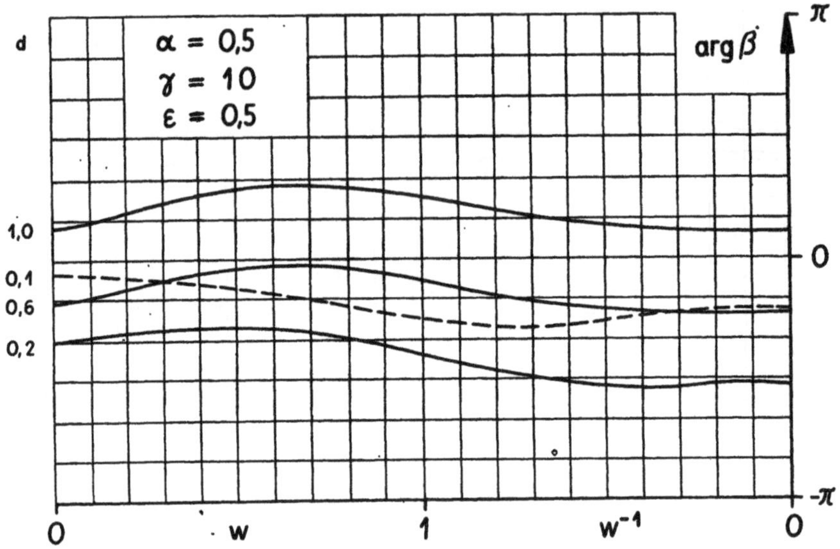
d
α = 0,5
γ = 10
ε = 0,5
arg β
π
1,0
0,1
0,6
0,2
0
-π
0
w
1
w^{-1}
0
Abb. 2b

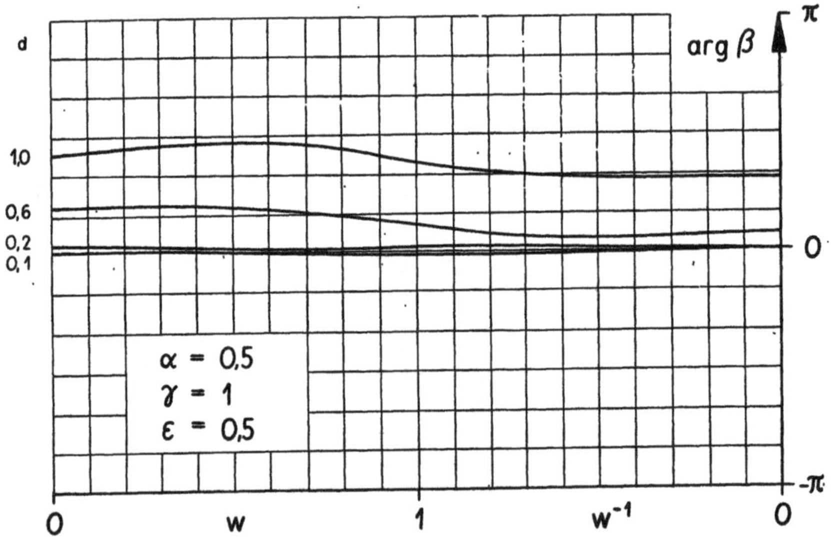
d
arg β
π
1,0
0,6
0,2
0,1
0
α = 0,5
γ = 1
ε = 0,5
-π
0
w
1
w^{-1}
0
Abb. 3b

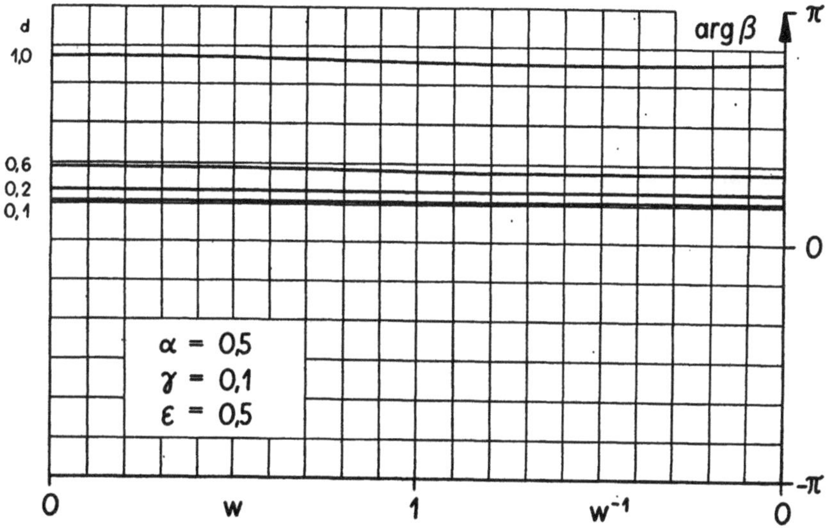
d
1,0
0,6
0,2
0,1
arg β
π
0
-π
α = 0,5
γ = 0,1
ε = 0,5
0
w
1
w⁻¹
0

Abb. 4b

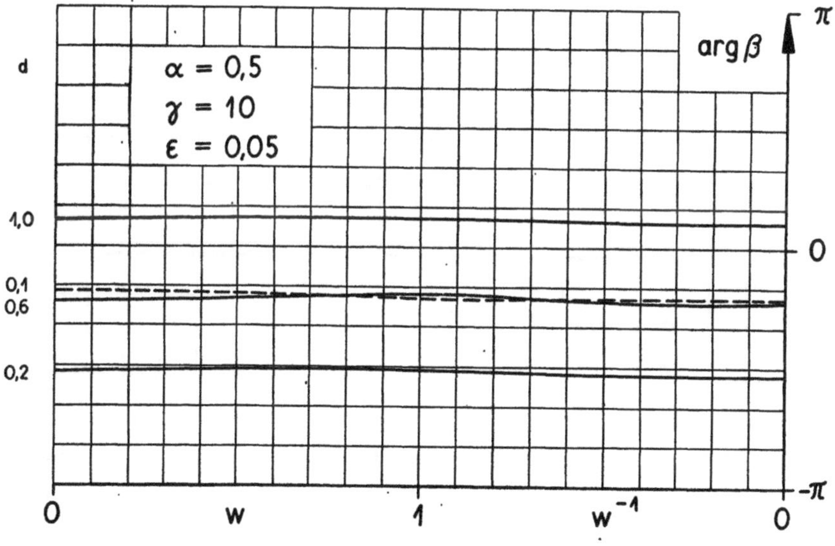
d
α = 0,5
γ = 10
ε = 0,05
arg β
π
1,0
0
0,1
0,6
0,2
-π
0
w
1
w⁻¹
0

Abb. 5b

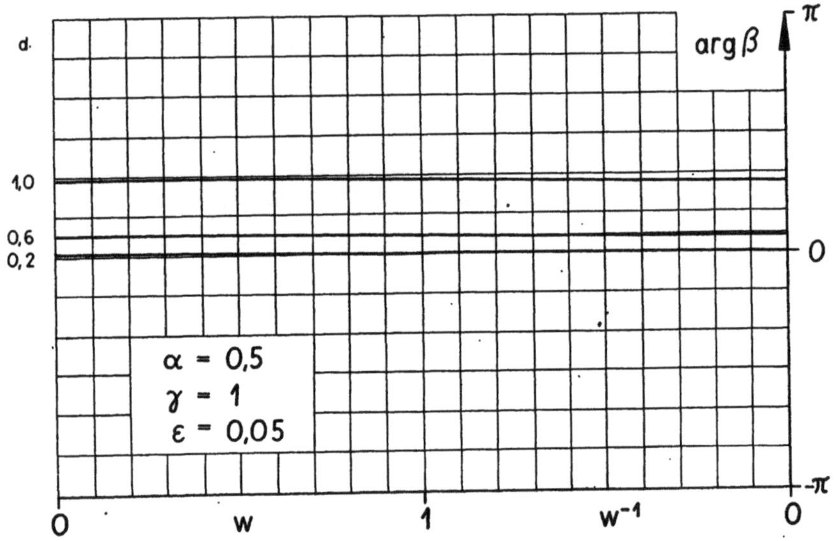
d
1,0
0,6
0,2
arg β
π
0
-π
α = 0,5
γ = 1
ε = 0,05
0
w
1
w⁻¹
0

Abb. 6b

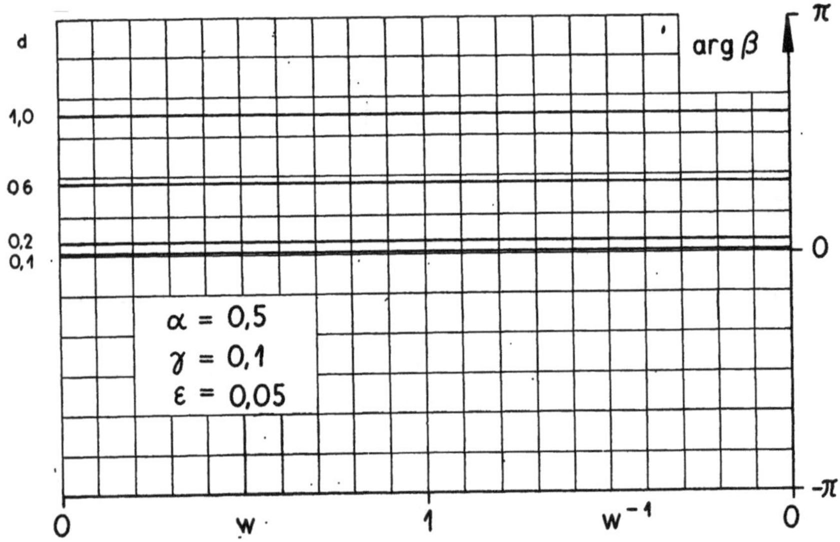
d
1,0
06
0,2
0,1
arg β
π
0
-π
α = 0,5
γ = 0,1
ε = 0,05
0
w
1
w⁻¹
0

Abb. 7b

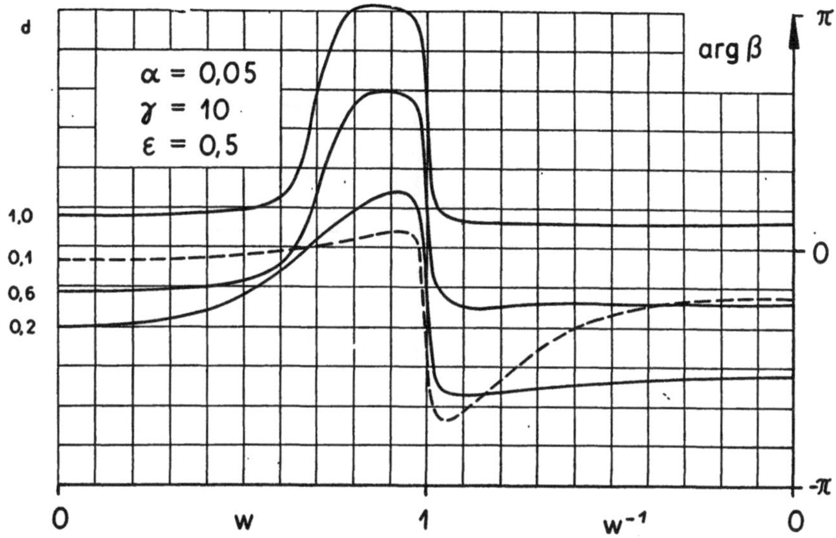
d
α = 0,05
γ = 10
ε = 0,5
1,0
0,1
0,6
0,2
arg β
π
0
-π
0
w
1
w⁻¹
0

Abb. 8b

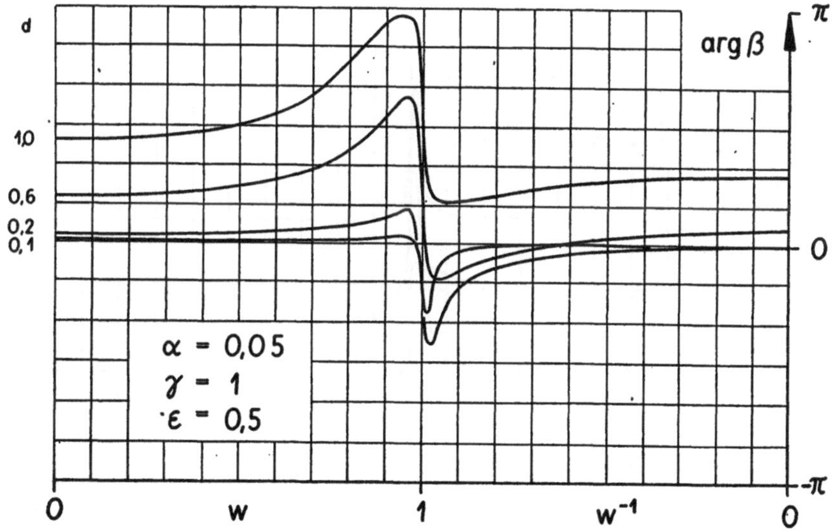
d
1,0
0,6
0,2
0,1
α = 0,05
γ = 1
ε = 0,5
arg β
π
0
-π
0
w
1
w⁻¹
0

Abb. 9b

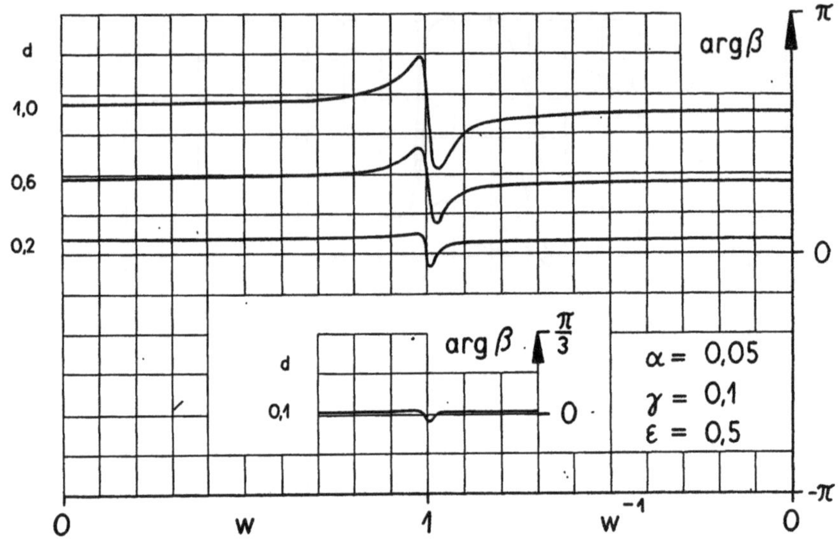

Abb. 10b

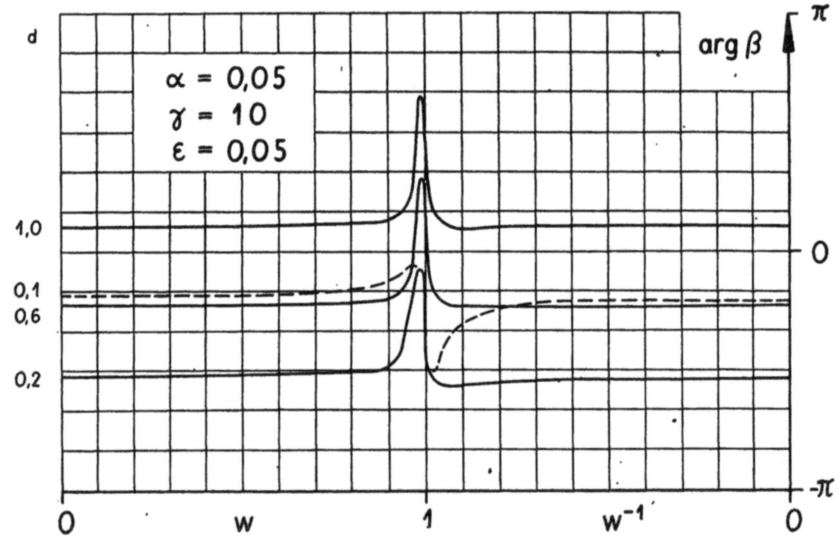

Abb. 11b

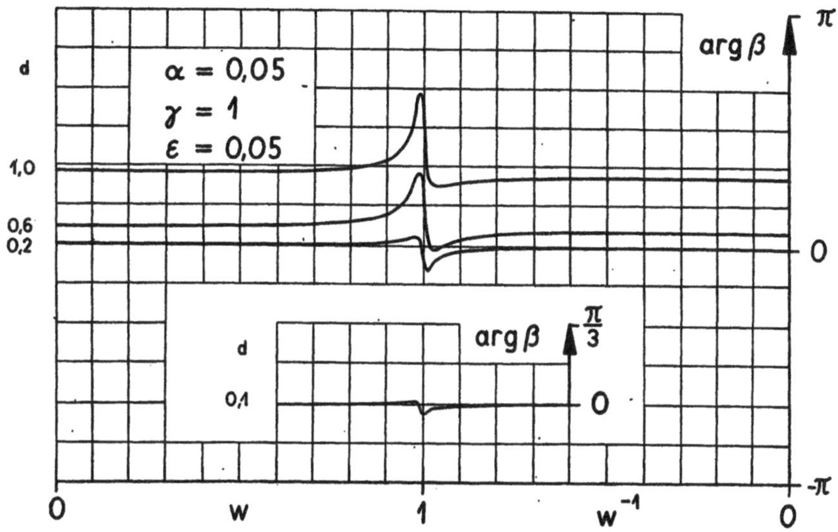

Abb. 12b

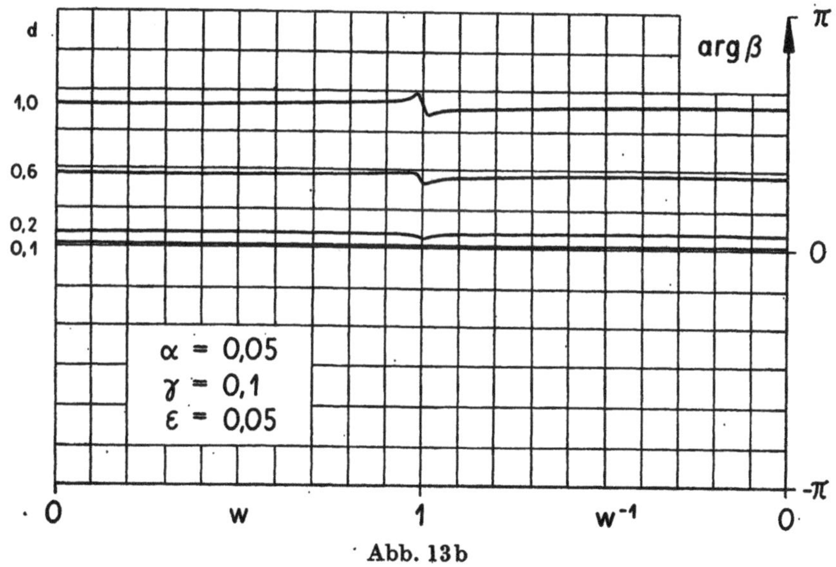

Abb. 13b

Bei Fragen zur Produktsicherheit wenden Sie sich bitte an:
If you have any questions regarding product safety,
please contact:

Walter de Gruyter GmbH
Genthiner Straße 13
10785 Berlin
productsafety@degruyterbrill.com